U0605124

IF YOU WERE 如果你是巴菲特

WARREN BUFFETT

年轻人最应该知道的人生投资理论

黄志坚　苏　翠◎著

北京航空航天大学出版社

BEIHANG UNIVERSITY PRESS

图书在版编目（CIP）数据

如果你是巴菲特：年轻人最应该知道的人生投资理
论 / 黄志坚，苏翠著 . -- 北京：北京航空航天大学出版
社，2013.5
　ISBN 978-7-5124-1126-5

Ⅰ . ①如… Ⅱ . ①黄…②苏… Ⅲ . ①成功心理—青
年读物　Ⅳ . ① B828.4-49

中国版本图书馆 CIP 数据核字（2013）第 086125 号

版权所有，侵权必究。

本书中文繁体字版本由红橘子文化事业有限公司在台湾地区出版，今授权出版其中文简体字版本。
该出版权受法律保护，未经书面同意，不得以任何形式进行复制、转载。

如果你是巴菲特：年轻人最应该知道的人生投资理论
黄志坚　苏　翠　著
责任编辑：王　律

*

北京航空航天大学出版社出版发行
北京市海淀区学院路 37 号（邮编 100191）　http://www.buaapress.com.cn
发行部电话：（010）82317024　传真：（010）82328026
读者信箱：bhpress@263.net　邮购电话：（010）82316936
涿州市新华印刷有限公司印装　　各地书店经销

*

开本：700×960　1/16　印张：13.75　字数：204 千字
2013 年 3 月第 1 版　2013 年 3 月第 1 次印刷
ISBN 978-7-5124-1126-5　定价：29.80 元

若本书有倒页、脱页、缺页等印装质量问题，请与本社发行部联系调换。联系电话：（010）82317024

前　言

沃伦·巴菲特（Warren E. Buffett），1930 年 8 月 30 日生于美国内布拉斯加州奥马哈市的一个普通家庭。他的祖辈是法国农民，家族中从未出现过成功的商人，唯一和商业有关的，就是巴菲特祖父的小小杂货店，即使如此，这位祖父一生的经商理念也只不过是"小赚即可"。巴菲特父亲是一名证券经纪人，也一直讲究温饱自足即安乐，是典型的安分守己的小职员。这样的家庭，谁也没有预料到会出现一名世界首富。

和长辈不同，小巴菲特从小就显露出对商业的强烈兴趣。他极具投资意识，对数字的敏感度颇高，5 岁的时候就开始贩卖口香糖；6 岁的时候，就利用度假的机会发现了直接兜售饮料的商机；从中学开始，除了业余打工兼职，他还"经营"弹子机的租赁业务；11 岁那一年，巴菲特购买了生平第一支股票，开启了他传奇性的投资人生。

可以说，巴菲特的家庭环境，和他以后的成功之路没有太大的关系，巴菲特完全是靠着对投资与生俱来的兴趣，充分发挥这种热情，坚定地选择了自己的理想，并且终生为之努力。

本科毕业后，为了能够进一步学习投资理论，巴菲特申请了哈佛商学院的研究生，但是并未被录取。二十岁的巴菲特感觉非常失望，但在沮丧之余，他并未放弃求学之路，而是四处寻找合适的大学。当他知道格雷厄姆和多德两位投资学家在哥伦比亚大学任教时，赶紧寄出了一份申请。虽然有些匆忙，时间上也有些迟了，但幸运的巴菲特这次通过了申请，进入了哥伦比亚商学院学习。1951 年，21 岁的巴菲特获得了哥伦比亚大学经济学硕士学位，他在学校学到了丰富的理论和技巧。懂得感恩的巴菲特，2008 年通过巴菲特基金会向母校哥伦比亚大学捐款 1200 万美元以上。

在投资初始，他甚至只有 100 美元资金，但凭借着超凡的投资眼光和反应能力，巴菲特创造了属于自己的金融帝国，累积了 690 亿美元的财富。不仅如此，在瞬息万变的投资市场上，他始终保持着敏锐的观察力，善于发掘有潜力但正处于困境的企业，给它们投资。在他掌管伯克希尔公司期间，不仅挽救了即将破产的伯克希尔公司，并且把业务从纺织扩展到了银行、传媒等方面，使之成为一家大型的综合企业，一跃成为全球 500 强之一。

这样一个有传奇色彩的人物，虽然取得了非凡的商业成绩，并且成为世界上最富有的人之一，但巴菲特平时的生活是出人意料的简朴，身着旧毛衣，活得平和而自在。巴菲特的价值投资理论卓尔不群，风靡世界，他的人生价值观也有超然之处，他曾经说：金钱多少对于你我没有什么大的区别。我们不会改变什么，只不过是我们的妻子会生活得好一些。对他来说，财富的意义仅此而已，快乐活着非常重要，过分痴迷于财富，就会执着于创造的过程而忘记了享受结果。

巴菲特一生都痴迷于金融投资事业，那是他一生的兴趣和热情所在，从幼年起他就为此努力，对他来说，做自己想做的事，所得到的成功和幸福可以最大化，至于财富，只是理想的附加产物。

正因为这一点，除了金融事业，巴菲特也专注于慈善事业。2006 年巴菲特捐出 375 亿美元的私人财富，这是美国历史上数额最大的一笔私人慈善捐款。也有人说，为什么不把财产留给儿女，作为世界首富，巴菲特的儿女理应终生不愁。对于这一点，巴菲特是这么说的：把钱捐给慈善机构，就是给了儿女们自由。他爱着自己的家人，一直以自己的经验对儿女们言传身教，让他们树立正确的人生观价值观，积极地为人，乐观地处世，这些比有形的资产更能帮助儿女一生，任何人都应该有属于自己的人生，而不是父母的复制或者父母的笼中鸟，这一点非常重要。

所以，巴菲特虽然被人称为"股神"，在人们心中却不是高高在上、不可亲近的，他有着超凡的人格魅力。美国人称巴菲特为"除了父亲之外最值得尊敬的男人"。和巴菲特一起共事的经理们，除了少部分去世和退休，多年来一直跟随着他，在他的领导下，以十几个人的团队，管理着价值2万多亿美元的庞大企业集团。至于巴菲特的股东们，多年以来，基于对巴菲特投资理论的信任，获得了三万多倍的高额回报，产生了数以万计的千万富翁、亿万富翁。

我们生活的这个社会，早已不比二十年前，那个时候物资匮乏，但是年轻人积极向上，有理想，有激情，而现在的年轻人大多浮躁，缺乏信仰，总是在批判社会，很难沉静下来思考自己该往哪里走，要走出什么样的一条路。年复一年，被时间赶着走，人生就这么虚度了。从巴菲特身上，我们可以学习有关财富投资的技巧，但更应该学习的是他的人生道理。这么多年以来，巴菲特用行为诠释了"为人"的意义：做自己想做的事，以自己快乐的方式活着，理想有了，成功有了，幸福也有了。这样的价值观和人生境界，是正在迷茫的年轻人所需要的。

本书以一个全新的角度，分析"股神"巴菲特的生平，结合巴菲特的名言语录，从中总结出有益年轻人的忠告，献给正在奋斗中或准备奋斗的年轻人，以期你们能驱散迷雾，掌握未来。

也许我们没有生在黄金时代，也没有一个"巴菲特式"的富翁爸爸，但每个人都有权利享受人生，只要坚持想做的，并为此努力，界定人生是什么样子，就极力让它变成那个样子，这就是属于我们的"黄金时代"。

contents 目录

I

第三章　人生不能投机，以投资的态度过好每一天

第四章　对待金钱的态度决定未来的财富之路

第五章 成功的人往往具备别人没有的特质

第六章　别让自己一个人去战斗

【附录】

第一章

每个人的人生必须是与众不同的人生

巴菲特是一位"少年立志"的典型人物。很多成功人士在年纪很轻的时候，就清楚地确立了自己的人生目标，清晰地知道自己想要干什么，比一般人早出发；在成长的路上一路向前，毫不动摇地为了自己的目标努力着。他们从来不复制别人的人生，只尊崇自己的意愿，做自己想做的事业，过自己想过的生活。兴趣是原动力，欲望是催化剂，他们所达到的高度，也正是他们想达到的高度。

梦想并不是虚无的词语

梦想，在很多人心中是一个比较虚无的词语。曾经听到一个刚毕业的年轻人这么说：我们是平凡人，所以一生注定平凡，而梦想太高端、太重大，所以我们承受不起。在这个现实的社会，很多人都过分现实，使得一个本应意气风发的年轻人，说出了这么一番老气横秋的话。

梦想被人误解了太久，除去世人赋予它的华丽外衣，梦想不过是一个目标而已。这个目标是人内心最渴望达成的美丽愿望，可能需要很长的时间，花费很大的精力，所以显得"重大"了一点。但它的性质并未改变，就像赛跑的终点，假如没有终点，参赛者就没有正确的方向。梦想的作用就在这里，平凡人的人生的确可能平凡，但不代表可以平庸。每个人都应该有一个目标，在自己选择的领域有所作为，在达成的路途中大放异彩，在目标达成的时候感受成功。

"股神"巴菲特幼年就确立了自己的梦想，他曾经说过，梦想不仅是一个指引人生的目标，也是激励人不断进步的动力，他之所以会享受到今天成就，就是因为他把梦想提上了日程。梦想太美好，所以为了完成梦想而努力拼搏，付出再多的汗水也值得。

巴菲特的家境并不富裕，在他出生后的很长一段时间里，整个国家经济大萧条，父亲失业，家里也没有积蓄，家境每况愈下。在这段艰辛的日子里，巴菲特深深体会了没有钱的苦难，5 岁的他心中模模糊糊地出现了一个想法：我一定要有很多钱。这就是梦想的雏形，在他心中留下了深刻

3

的痕迹。这种信念培养了巴菲特挣钱的欲望：6 岁的时候，他就四处兜售饮料，并且组织邻居的小孩捡起废弃的高尔夫球，清理干净后再卖出去；11 岁的时候他就向朋友们宣布：35 岁之前我要成为百万富翁，不然我就找一栋高楼跳下去。甚至有一次在住院病床上，小小的巴菲特一个人无聊时，在纸上写下了许多数字，他对照顾他的护士说：这是我以后的财富数字，总有一天我会变得这么富有。

也许当时很多人对这个小孩的"梦想"感到有趣，但并未放在心上，认为只是一个小孩的异想天开，却不知道一个梦想的萌芽，可以决定一个人一生可以达到的高度。显然，成年后的巴菲特达到了他梦想的高度。

简单来说，梦想就是人生大目标，人生有了目标才有价值，在每一天的生活中才会感觉到激情。巴菲特在他 5 岁的时候，也许并未意识到目标的意义，也没有太多实现目标的手段，但是他明明白白地确立了一个目标。这一点，很多成年人都做不到，他们想得太复杂，过得太糊涂，一天一天过去，根本不知道自己在干什么，只是庸庸碌碌地活着。

4

巴菲特的梦想引导着他前进，也激励着他前进，即使有挫折有辛劳，他也没有放弃的念头。13 岁那年，巴菲特找到了一份课余送报的工作。对很多美国小孩来说，课外打工无非是一种锻炼，挣些零花钱罢了，但巴菲特不同，他唯一的目的就是挣钱，挣尽可能多的钱！所以他给自己设计了五条送报路线，每天早上早早起床，要送掉 500 份报纸。此外还干着推销杂志的工作，这样的辛苦一般的小孩子都受不了，巴菲特却靠着这份工作月入 175 美元。所以在他 14 岁的时候，他已经存了一笔不小的钱，投资给了一个小农场，有了自己的资产。

送报的工作在他上大学的时候又开始了，但他摇身一变，不再亲自送报，他有 50 个报童为他工作，覆盖了六个县市。他开始培养自己的管理才能，因为要成为一个富翁，身体力行的劳动是不可能达成终极目标的，一定要有领导能力。巴菲特为了实现他一生的梦想，一步一步在升级。有时候人的成功并不是因为他是天才，而是因为明确的目标，让他从不偏离方向，不断地积极进取。大学毕业时，巴菲特年仅 19 岁，却已经开过一家公司了，并且通过大学时期的各种投资和经商，成为万元户。

从巴菲特身上，我们可以看到梦想的巨大作用，就像夜行的船，只有灯塔才不会让它迷失。所以每个人都应该有梦想，有梦想的年轻人才有斗志，漫长的人生路才能走成直线，不至于东跑西颠，最后没有任何成果，白白浪费了青春和经历，晚年来怨叹一事无成。

巴菲特也是这么教育他的子女的。他的子女全部都没有"子承父业"，作为过来人，巴菲特了解，梦想是一个人最憧憬的未来，放弃梦想，人会颓靡不振。作为一个尊重子女的父亲，自然不能剥夺子女梦想的权力，阻碍子女追逐梦想的脚步。大儿子向往田园生活，所以投身农业，通过不断学习，不断研究，不断亲身劳作，把自己的农场经营得有声有色。巴菲特在子女选择之前和他们进行了很多次的恳谈，当他确定子女并非一时的心血来潮时，他感到非常骄傲，骄傲子女们有了属于自己的梦想，人生会因此更充实而精彩，而不是作为"巴菲特家族"被人打上标签。

年轻人应该有年轻人的精气神，给自己确立一个梦想，得过且过的心态只适用于垂垂暮年的老人。不要再迷茫，不要再虚度，越是没有目标的人就越懒散，越懒散的人，时间就过得越快。梦想可以扩宽生命的广度，也能让生命的长度更有意义。在人生目标的指引下，认认真真地过好每一天，这才是最佳的年轻状态。

5

从事自己感兴趣的职业

巴菲特的工作状态非常让人羡慕，他是这么说的：每天早上去办公室，我感觉我正要去教堂，去画壁画！

在他的心目中，工作是事业，同时也是娱乐。他主张年轻人在职业的选择上，一定要按照自己的兴趣来。对幼儿来说，兴趣是最好的老师，对成年人也是这样，兴趣才能激发人的热情，让人不断学习，不断拼搏，在感兴趣的领域内取得的成功，才是自己想要的成功。

同时人一生中有一大半的时间在工作，假如选择了一个不感兴趣的职业，每一天都是煎熬，所有的努力都是被迫，糟糕的情绪会让业余生活也变得一团糟，整天都不愉快，怎么会感觉幸福？

古代也有这样的例子。明朝末期内忧外患，偏偏熹宗朱由校不务正业，沉迷于木匠活，不理朝政，每天和锯子、斧子打交道，留下了千古骂名。但是，从朱由校本身来分析，他也是个可怜人，生在帝王家不由得他选择，唯一能做的"职业"就是当皇帝。假如他是个平民百姓，生来就对木匠活感兴趣，并且非常有天赋，打造的木器精妙绝伦，一定能做个受人尊敬的木匠师傅，他的人生也会幸福得多。

和这个木匠皇帝相比，巴菲特无疑是幸运的，他从小就对数字非常着迷和敏锐，童年时最喜欢的玩具是一个兑换机器；稍长一点，他的娱乐方式居然是兑换零钱。这一点和别的孩子大大不同，当别的孩子厌烦数学课时，他却乐此不疲地演算着数学题，并且活学活用，摆地摊售卖各种小玩意。

巴菲特的父母也非常尊重他的兴趣，从在幼年时买的玩具，到大学的专业选择，都给了巴菲特充分的自由。

巴菲特家族的教育理念显然是一脉相承的。和父母一样，巴菲特对他的子女也采取了尊重的方法，兴趣是最好的老师，这也体现在了巴菲特小儿子彼得的身上。小彼得非常有音乐天赋，7岁的时候，他弹奏钢琴的技巧就已经胜过学习了8年的姐姐。从斯坦福大学毕业以后，彼得在旧金山过得非常窘迫，一边打零工一边创作音乐作品，但他对父亲巴菲特说：音乐是我最钟爱的，所以我一生都要为音乐工作。巴菲特虽然不放心，但一直都鼓励着小儿子。他知道，人只有做着自己喜欢的事，注意力才会高度集中，成功才会来得更快。果然，彼得的音乐才能逐渐被人发现，不仅出了自己的唱片，还帮很多著名影视剧配乐，取得了属于自己的成就。

回过头来分析巴菲特的财富之路，我们会发觉有一股劲在支撑着他，由最初的兴趣发展成绝对的专注。他自己也说过，他的成功秘诀没有什么特别的，如果一定要说，那就是他每天都在做自己喜爱的事。

对喜欢的事才会花心思钻研。巴菲特11岁就开始投资股票，可是在很长的一段时间里，他和很多小股民一样，小打小闹，时亏时盈。那个时候他对投资一窍不通，只知道看看表格，四处打听小道消息，但是他又不甘心业绩平平，所以他决心进入大学进行专业学习。在大学期间他如饥似渴地学习，19岁就申请到了哥伦比亚商学院的研究生，在"证券分析之父"格雷厄姆的门下学习，丰富的理论知识让他摸到了价值投资的门路。

可是，光有理论知识还不行，为了实现职业梦想，巴菲特毕业后做了三年的经纪人，积累了经验，才得以进入恩师格雷厄姆的公司工作，一做就是两年。巴菲特对成功的见解是：只要还做着自己喜欢的事，所有的铺垫都是必需的，也是愉快的，厚积才能薄发。这个时候，巴菲特的投资业绩大大提高，个人财产增加了10倍。

在格雷厄姆的公司解散后，巴菲特决定开创自己的事业，于是回到家乡创业。现在的很多年轻人都说，没钱的时候不能创业，殊不知当时的巴菲特并不富裕，他的第一家投资公司他自己只投入了100美元，其他全部来自于四处筹集。虽然是老板，他的收益其实还是来自于担任投资管理人的佣金。13年间，虽然道琼斯工业指数屡次下跌，巴菲特的投资公司却从未亏损过，不仅一直在为股东们赚钱，个人资产也达到了2500万元。

后来由于股票市场过度狂热，投机成分太高，巴菲特解散了投资公司，把自己大部分资产投给了伯克希尔公司的股票。这家公司当时濒临破产，巴菲特进入之后，开始扩张公司的产业，使之成为了一家大型综合企业，上市之后巴菲特通过它大量投资股票，还收购有潜力的中小企业，良好的业绩推动了公司的股票上涨，从每股15美元上涨到每股13万美元，而巴菲特持股比例占40%以上，到2008年，他的个人财富达到了620亿美元，成为当年福布斯榜上的世界首富。

现在的人谈起职业选择，第一要素就是要高薪，假如你问他：要这么多钱干什么呢？他们会说：有钱了就能做自己喜欢的事。为了做自己喜欢的事，所以现在要忍受不喜欢的事，这个道理咋看起来很唬人，其实我们仔细想想，人真正风华正茂的时候能有几年，为什么不一开始就选择自己喜欢的呢？巴菲特的人生就是这样：做喜欢的事，还能赚很多的钱。为什么对自己喜欢的事没有信心？感兴趣的多半是擅长的，只要能在任何领域内变成强者，财富也就随之而来。

巴菲特年轻时爱上了一位女孩，但是这位女孩从没把他放在眼里，正忙着和一位弹四弦琴的男孩打得火热，巴菲特知道后也去学习四弦琴，但女孩仍旧对他不理不睬。

生活中，很多人也和年轻的巴菲特一样，不知道自己喜欢做什么，只盯着别人喜欢什么，为了迎合别人，自己也去做，又或者看到别人正在做一件事，取得了成就，一时眼热，于是不管自己喜不喜欢，也跟着别人去做那件事。结果又怎么样呢？违背了自己的心，也不一定赢得别人的心，更不一定和别人一样成功，做自己吧！理想就在前方，先做喜欢自己做的事，之后才能做自己想做的人。

坚守自己正在做的事

巴菲特的人生可以用一句话概括：选择一件自己喜欢做的事，并为此坚持一生。从幼年到老年，巴菲特只有一个理想，做一个成功的投资人，并且因此成为世界首富。要实现这样大的理想，显然不是一件简单的事，会遇到各种各样的困难，但巴菲特毫不动摇地坚守到底，一旦确定了人生目标，就不要中途改道。

高中毕业后，巴菲特进入宾夕法尼亚大学的沃顿商学院学习，大三的时候转学到内布拉斯加大学，因为成绩优异，他提前修完了学分，19岁就本科毕业了。为了进一步学习投资理论，他决定继续攻读研究生。当时哈佛大学的商学院声名在外，巴菲特非常向往，所以他精心准备，提交了申请材料。

面试那一天，他提前一个小时就来到了位于芝加哥的面试办公室。虽然面试官有着丰富的经验，看到巴菲特还是愣了一下，这个男孩实在太年轻了，看上去也许只有十五六岁。简短的面试提问过后，面试官委婉地表示巴菲特实在太年轻，没有任何工作经验，暗示他过几年再来申请，整个面试10分钟就结束了。

年轻的巴菲特的确经验不足，即使面试官的话外音已经很明显了，他还是不死心地询问自己是否会被录取，面试官只能告诉他：请回家等待，我尽量帮你争取。巴菲特非常沮丧，但又抱着希望，在焦急地等待了一个月之后，等到了哈佛的拒绝通知。

这个打击实在太大了，巴菲特从小就是优等生，父母也对他读研寄予了厚望，失败的阴影让巴菲特消沉了一个月，但是一个月之后他想通了：我的理想是做一个成功的投资大师，未来的路那么长，仅仅在学业上受挫算得了什么，谁也没规定不读哈佛就不会成功，我可以选择其他学校。

　　说到做到，为了实现将来的理想，巴菲特振奋精神，专注地研究起各大院校的招生章程，从最开始的只读哈佛，到一个学校一个学校地仔细考察。当他看到哥伦比亚大学时眼睛一亮——格雷厄姆在商学院任教！格雷厄姆被称为"华尔街教父"，是巴菲特心中的偶像，为了拜到他门下，巴菲特赶紧向哥伦比亚大学提交了申请，最后终于如愿以偿。

　　一时的失败不值得我们轻言放弃，挫折会让人灰心，但坚定的信念会打开另一扇窗。在追求成功的过程中，还可以把大目标细化成小计划，战线太长的目标容易让人疲倦，让人很难坚持下去。巴菲特的财富也不是一天就累积而成的，他的人生经过了三级跳，从最初的小打小闹做生意，到开投资公司抽佣金，再到投资伯克希尔成为首富，他一直在坚定地做着自己想做的事，坚守着理想，大目标从不模糊，但是他聪明地把这个大目标，分成了很多小阶段。

　　把巨大的理想分成许多小计划，会让人更容易坚持。很多人觉得，成功者总是提醒他们坚持坚持，坚持有那么简单吗？虽然很想坚持做好一件事，完成心中的理想，但是太艰难，计划外的挫折太多，真的很难坚持。

　　其实，坚持真的不难，要说难，是因为这世界妄想一蹴而就的人实在太多，不懂得"滚雪球"的道理。从无到有本来就需要一个过程，中途有阻碍，一段时间里看不到成果，这都是非常正常的。要拿出应对方法，积极面对，才能一步一步地接近大目标。

　　其实真正的成功人士，他们心中很容易有满足感，他们有很多小目标，一旦达成了一个，就会兴高采烈地攻克下一个。反观那些失败者，总抱怨这个阶段收获得太少，离大目标太远，成功似乎遥不可及，整天都很沮丧，情绪低落到某个点，他们就不再坚持，把那个"很难实现"的大目标抛得远远的。

　　所以坚守的重点就在于——享受逐渐累积的过程。不为一时的失败过分忧虑，不为一时的毫无收获而沮丧万分，牢牢地抓住大目标，稳扎稳打地做好每一个阶段该做的事，不浮躁不激进。

巴菲特的女儿苏茜毕业后，一直都在做着最底层的工作，比如行政助理，换了好几年公司，性质都差不多，这些工作说起来挺像那么回事，其实就是打杂。

苏茜对父亲抱怨："工作太简单并且琐碎，随便拉个人来就能做，不仅没有前途，简直是在浪费时间，理想似乎越来越远了。"

巴菲特告诫女儿："作为一个职员，你的任务就是把工作完成到最好，不要抱怨。工作是你自己选择的，你在这个阶段只能做这样的工作，没有什么工作是完全没有前途的，比如行政助理，就能很好地锻炼一个人为人处世的能力，对以后绝对有帮助。"

巴菲特也经常这么说，当他只能跳过1米的栏杆时，他就四处寻找1米的栏杆，绝不妄图跳过7米的栏杆。的确，人的能力在某个阶段是有限，急功近利地望着"7米栏杆"，只会让自己更没有信心，倒不如先从矮的开始跳，一步一步地累积实力。

人不能因为困难而退缩，选择了那条路，跪着也要走完，当你觉得你即将要放弃的时候，再多坚持一分钟、一小时、一个月、一年，结果完全超乎你的想象。假如这个目标实在太远大，学着把它细分成小目标，一个一个地解决后，成功也就随之而来。

生活方式由自己设计

什么样的生活才是好生活？

似乎每个人都有自己的生活，生活正以各种形式呈现。然而，你是否还在迷茫，这千千万万的生活方式，哪种才是最好的？

在一次采访中，巴菲特也曾被一个年轻人问到类似的问题：什么样的生活才是让人感到幸福的好生活？如何去定义幸福的含义？投资是否会为他带来快乐？

巴菲特回答说，"我享受我做的事情，我每天都跳着踢踏舞去工作。我和我喜欢的人一起工作，做我喜欢的事情。我唯一希望尽可能避免的事情是解雇员工。我把我的时间用来思考未来，而不是过去，未来是激动人心的。"

他赞成伯特兰德·罗素所说的，"成功是得到自己想要的，快乐是想要自己得到的。"他甚至将自己的出生比喻为中了一只"卵巢彩票"（指精子发育为受精卵的过程），就是要告诉我们，人来到这个世界上就是一种幸运了，何况你还拥有一颗勇敢的心去做自己想做的一切，如果还因为一味地专注那些不属于自己的东西而时常郁郁寡欢，那真是可怕的错误。可见，巴菲特的生活从来不会被周遭左右，因为他看到了快乐幸福的根本途径，那就是能按照自己的方式生活。

巴菲特幼年励志当富翁，并非生活窘迫到认为自己一定要出人头地，而是因喜欢赚钱而赚钱，运用对数字敏感的天赋，从六岁就开始有自己的独立思维，为达到目的，执着地按照自己的方式活着。

当他人都认为巴菲特应该好好读书的时候，他一心只想赚钱，作为他的父亲都时常担心他因为掉进钱眼里而毁掉前途，可他从不分心，坦然寻找各种赚钱的机会，甚至在初中时因迷上赛马，竟与朋友建立起关于估算赛马冠军的数字模型，私下复印报纸售卖来挣钱。

当巴菲特在赚钱的兴趣驱使，刻苦学习，认真思考，加之各种机遇的磨合，于2008年在《福布斯》排行榜上财富超过比尔·盖茨，成为世界首富，历练成一代"股神"，已经成为"钱眼里的人"时，大家都认为他会好好享受生活，像许多富人一样住着别墅，开着豪车，穿金戴银，出入各种高档酒店、会所，过着挥金如土的生活。事实上，巴菲特却是美国人心中富豪的榜样，因为他一直保有着勤勉、朴素的品性，平易近人，完全看不出是世界级富豪。

他虽然喜欢赚钱，可他从未掉入金钱的陷阱。2006年，巴菲特宣布把个人财富85%中的5/6捐献给以比尔·盖茨和其妻子梅琳达·盖茨名字命名的比尔＆梅琳达基金会。而他的子女也完全继承了巴菲特生活由自我主宰的形式，三个人都没有完全完成自己的大学学业：长子霍华德喜欢田园生活，所以在农场劳作；长女苏茜则是个有追求的家庭主妇；幼子彼得更是从小喜欢音乐，曾为电影《与狼共舞》配乐。当得知父亲把几乎所有财产都捐给了慈善事业时，三人不但没有心理不平衡，反而各自将从巴菲特那里获得的财产拿出一部分，进一步支持慈善事业。

相对于由平凡走向不平凡的巴菲特，我们周边大部分人的生活就显得太过千篇一律。小学时，父母每天监督你准时上学，周末报各种培训班，告诉你只有听话的孩子才有糖果吃，有新衣穿，不乖的孩子等待他的就是搓衣板和训斥声。于是，你在逼不得已中放弃手上的画笔、动漫、积木还有许多与大自然亲近的机会，争做一个好孩子。

中学，老师教导你不能谈恋爱，不能称兄道弟，只有好好读书考上一个好大学才是获得好生活的唯一方式。于是，你满脸无奈地拒绝朋友聚会，压抑自己的青涩情感，头悬梁，锥刺股，只为一纸文凭而奋斗。

大学了，你有了一切选择生活的自由，可亲戚都说公务员风光，在大城市买房子有实力，漂亮的老婆有面子。于是，你典当梦想，就为了博得周遭人的羡慕。

也许，这样的生活看起来的确十分美满，他人望尘莫及。可你真的开心吗？丢掉初衷，放弃追求，背弃情感，犹犹豫豫，期期艾艾，你变成了一个习惯对别人点头，对自己摇头的人，从而，丢失自己的生活方式，也湮灭了许多"巴菲特"的存在。何不按照自己想要的方式去设计生活呢？

其实，生活就像属于你的一所房子，学业、感情、工作等都是你房子的装潢材料，最终你如何运用这些，来更好地设计并提升你的生活都是由你自己决定的。别人的看法始终是其次，因为要在里面度过一生的是你自己啊！活着在别人设计的生活里，别人肯定会多加称赞，看起来什么都好，唯一的缺点就是你自己不喜欢。

我们部门有个很追潮流的同事，明明有一件自己很喜欢的衣服，可就因为是前年的款式，所以不敢穿出来。听起来十分荒唐，这有什么顾虑的呢？只要自己穿着舒适就行，如果是巴菲特，他就一定不会让自己的衣服跟着潮流走，而是大胆穿出来，让自己标榜，成为潮流！

可是，我们生活方式常常被他人的看法影响。相信你一定有过类似的经历，某天晚上忽然想到某个新鲜的点子，或者想突破父母的安排，过一种从未有过的生活。于是，第二天你把你的想法告诉身边的资深人士，然后他凭着自己多年的经验，从"专业"角度给你分析，得出 N 条不可行的理由，浇灭了你如火的激情。直到某一天你发现你曾经有过的点子在他人身上得以实现并取得了非常好的成效，才后悔莫及。

所以，当你想追求自己喜爱的生活时，请拿出你的勇敢。正如意大利诗人但丁所说，"走自己的路，让别人说去吧！"生命本是承载生活的一个过程，其形式该由自己主宰，千万不要让别人来设计你的生活。

对自己的决策抱有信心

都说"商场如战场",千军万马齐奔某个行业,必然会有大批人在这个过程中悲壮惨烈地倒下,成为行业佼佼者的垫脚石,而投资更是决定商场成败的关键领域。

许多人从这里来了又走了,唯有巴菲特在这个领域中岿然不倒。几十年过去了,他把手中的 100 美元,变成几百个亿,如今更是造就了"他说一句话就能决定一只股票是涨或跌"的传奇。

曾经有人这样评价巴菲特,"他之所以能够成为一名享誉世界的投资大师,其中最重要的一点就是他的自信和勇气。"而巴菲特也说过,"我一直相信我的眼睛远胜于其他的一切。"

可见,巴菲特之所以在变幻莫测的商场上成为"神人",最重要的一点就是怀抱信心,从不怀疑自己所做的任何决定!

纵观巴菲特的投资经历,无不体现了这一点。11 岁时,巴菲特因为经济能力十分有限,可又对股票很感兴趣,于是他说服姐姐,两人一起花费每股 38 美元,买了城市设施的三股股票。初期,股票大跌,跌到每股 27 元,姐姐开始后悔,责备巴菲特鲁莽行事不可信,建议甩手。但巴菲特相信会有回升,后来,果然不断上涨,据有关材料显示其最高竟升到了 200 美元每股。

大学毕业后,还不满 21 岁的巴菲特,在本杰明·格雷厄姆的点拨下完成学业,一心想投身证券行业的他,兴致勃勃地希望能给格雷厄姆免费工作，学习提升实战经验，可格雷厄姆却对巴菲特说，"你高估了自己"，告诉他现在不是入行的最佳时机。但巴菲特认为入行早无可厚非，自信能有所成就，于是，不管师门经验，跻身商界。事实证明，巴菲特的决定是对的，因为当时至之后的十年正是美国经济发展，股市持续上升的十年。

之后，于1964年，巴菲特果断买下了正值企业盈利下滑的伯克希尔·哈撒韦公司，大家都认为他疯了，投资于一家濒临倒闭的公司，作为一代投资大师格雷厄姆的得意子弟竟做出这样的不明智之举，实在让人嗟叹。可巴菲特无视他人怀疑的眼光，用心经营，今日，伯克希尔·哈撒韦公司享誉全球，成为世界上最大的保险和多元化投资集团之一。

巴菲特总对自己的决策抱有信心，不论是至亲还是老师的怀疑，他也从不改变自己的做法。《一个美国资本家的成长》这本书中，对于巴菲特的自信，有这样的形容，"如果巴菲特要筹集资本，除了他那令人惊愕的自信外，有什么能吸引投资者信任他呢？"

的确，股市跌宕起伏，这一刻你是百万富翁，下一刻就可能一贫如洗。而巴菲特在其中的投资方法总是出其不意，甚至连伯克希尔的股东在开始的时候都为巴菲特的行为捏几把冷汗。可现在，伯克希尔的股民们都极其相信巴菲特的任何决定，就算该股票有所下跌，他们依然为自己是伯克希尔持股人为傲。因为他们相信巴菲特一定会保障自己的财产，他们都已经被巴菲特的自信折服！

而当下，许多年轻人的现状是能想，却不敢做。他们不是不能成功，而是缺乏成功的要素——自信。

杨铭从某大学广告设计系毕业，爱好广告，学习能力也很强，做过许多小方案都获得了公司不错的评价。通过一年的实战经验，加之以前理论基础的相结合，他自认自己的能力不差。

有一天，广告总监突然把他喊到办公室，直接交给他一项任务，为一名知名的企业做一个广告方案。

从未受过如此重用的他，在接到案子的时候又喜又忧。喜的是自己终于能被上级看到，忧的是害怕自己难担此任。

半个月内，他不敢怠慢，终于将方案交到广告部总监的手里。他低着头，恭恭敬敬地将设计方案放在老板的桌子上。可是，总监却看都没有看一眼，就正声问道："小杨，这是你能做的最好的方案吗？"小杨一怔，怯怯地没有回答。于是，总监把方案还给了杨铭。

杨铭觉得十分苦闷，总监竟然看也不看就否认了自己的设计，一定是方案做得太差了。之后，组长向杨铭问及总监对广告方案是否满意时，杨铭一五一十地把事情说了一遍。组长拿起杨铭的策划，竟有眼前一亮之感，终于明白总监的用意。拍着杨铭的肩膀，只说了一句，"如果你觉得这已经是最好的方案，就请拿出你对自己能力的信任，让总监认可你。"

下班之后，杨铭特意对策划做了进一步修改。次日，他主动来到总监办公室，自信地将策划放在了总监的桌子上，并绘声绘色地说出了自己方案的亮点。总监微笑，并当场通过了他的策划。

杨铭拿到了 10 万元的广告策划提成，他也终于明白一个道理，那就是，"如果你对自己所做出的决策都不自信，那还有谁会相信你？"

其实，你所下的每一个决定就是你能力的表现，否认自己的决策，就等于否定自己能力。而年轻人要成功，连相信自己的能力都做不到，必然失败！当然，要对自己的决策抱有信心，也不能盲目，一定要有让人信任的决策。那么，如何才能让决策按照自己期待的方向发展？

2009 年 11 月 16 日，巴菲特在出席纽约哥伦比亚大学商学院活动中与学生对话。

有人就问道，"巴菲特先生，像你这样的价值投资者应相信基本面分析，而深入的基本面分析对智慧投资非常关键。不过，你过去曾几次说，你进行过非常迅速的资本配置决策，有时候还不到五分钟。我想知道你当时是基于什么数据才做出自信决策的？"

巴菲特只是简单回答说，这是 50 年的准备以及 5 分钟的决策。

因而，在你找到自己有兴趣的行业，并打算在这个行业中有所建树时，就一定要对学习该行业的知识有一个长期的计划，这个计划越早越好。要知道，只有通过不断的学习、领悟、总结，才能不断提升自己的能力。而当你有了相当能力，再需要做决策时，定是胸有成竹，自信自然显现。彼时，所向披靡，就没有什么无法得到！

理清楚自己在为什么工作

《梦想职达》是一个为年轻的求职者提供更广阔的求职平台，同时帮助企业更好地挖掘人才的节目。

有一期有一位女子，25 岁，长得十分好看，有气质，会说话，开口就吸引了全场的企业高管，上半场大家都想争夺这个人才，可是到了下半场，当问及职场经历时，女子骄傲地说自己跳槽过二十几个公司，文职类、培训类或是销售类的工作全部都做过。

有老总问其为何没有明确目标，女子回答说跳槽都是妈妈的建议，不能回家太晚，不能在外应酬，不能离家太远，不能工资太低等。

最终没有企业为女子亮灯，问及原因，大家都说此女子中其妈妈的"毒"太深。

这句话意味深长，事后采访才明白，老板们觉得她虽然有能力，但没有定力。她并不知道自己要为什么而工作，计划在工作中得到什么，而只是不断放弃工作。然后还要用妈妈作为借口来交一份很漂亮的职场失败试卷。在职场奋斗最忌讳的一件事情就是不明确自己在为什么而工作，在工作动机上模糊，到最后只会一事无成。

巴菲特喜欢与年轻人打交道，他对于年轻人刚进入社会，却不能明确自己工作目的的情况也很担忧。

曾有个 28 岁的哈佛毕业生有幸能与巴菲特有过一次谈话，将要步入社会的他在学习上一直都很不错。

巴菲特问他："以后有什么打算？"

年轻人回答说，"可能读个 MBA 吧，然后去个管理咨询的大公司，简历上看着漂亮点。"

凡是已经成功或是正走在成功这条路上的人看到这里都会觉得十分疑惑，为什么一个这么优秀的年轻人在关于自己未来的规划上显得如此随便？弄不清楚自己到底要为什么而工作，竟只是为了达到一个让自己的简历变得好看的目的？

由此，巴菲特对年轻人这种盲目的行为打了一个很有意思的比喻，"才 28 岁就要去找一个自己都不知道为什么而努力的工作，甚至你自己都不喜欢的工作，你不觉得这就好像把你的性生活省下来到晚年的时候再用吗？"

别光顾着笑，在现实社会里这类人随处可见。我曾为此组织一个相关调查，抽样调查了一百名正在工作的年轻人询问其具体工作状态。

68% 的人对现有的工作不是很满意，觉得上班十分难熬；50% 的人上班期间离不开聊天窗口，觉得目前安逸，虽说自己也不明白在为什么工作，可不想改变；40% 的人不愿意离开自己所学的专业转向更适合或更喜欢的行业。

调查显见，很多年轻人在工作中目标并不明确，只是为工资而工作，为工作而工作，为老板而工作。没有明白自己为什么而工作的人，从工作的最开始就只是忍受工作，其结果无外乎两种：一是习惯忍受，工作中总处于被动状态，不断选择在工作中偷懒；二是无法忍受，找各种借口以不断跳槽改善工作状态。

巴菲特说过，"市场就像上帝，只帮助那些努力的人；但与上帝不同，市场不会宽恕那些不清楚自己在干什么的人。"职场也等同于市场，它只会留下那些目标明确且朝其不断努力的人。而巴菲特之所以这么成功，也正是因为他时刻明白自己在做什么，要什么，无论是工作还是学习他都会根据自己的需求主动去寻求机会。

高中毕业之后，巴菲特在宾夕法尼亚大学沃顿商学院读书，可当他觉得自己在此并没有学到对自己有用的东西的时候，他不顾任何人的反对，毅然在中途转学，前往内布拉斯加大学学习，并在一年之内获得了经济学学士学位。后来，大家都觉得在美国非上哈佛才能学有所成的时候，他放弃了一再申请去哈佛读书，通过多方比较，他看中了有着本杰明·格雷厄姆，一代投资大师在授课的哥伦比亚大学。于是，他认真学习证券课程，毕业时，获得了本杰明·格雷厄姆有史以来对学生的最高评价。

走出校园，巴菲特明白只有待在本杰明·格雷厄姆身边才能更好地将自己学到的投资理念上升到实践投资的高度，所以他不断争取，甚至在遭受本杰明·格雷厄姆拒绝后，不得不回到奥马哈一家公司做投资营销员时，三年之中，也从不间断给本杰明·格雷厄姆写信，诚恳地希望能到其公司学习，最终本杰明·格雷厄姆接受了他的请求。

巴菲特时常说，自己在本杰明·格雷厄姆公司工作两年的经验是十分珍贵，也是十分有益的，这直接影响着他往后的投资之路。就是这样，巴菲特因为喜欢赚钱带来的成就感而选择投资行业，所有的经历都围绕"如何更好地投资"在活动，最后成为享誉全球的投资大师。他时刻明确自己的目标，所有的行动都朝着目标看齐，所以他离成功才能越来越近。

可是，在我们周遭，大部分年轻人对于自己正在为什么而努力学习、工作觉得迷茫。时常只要上面没有布置任务就不知道自己要干什么，有些人的工作状态甚至是从上班开始就很痛苦地开始计算何时下班，感觉只要能不待在岗位上就觉得特别解脱。做一天和尚撞一天钟，得过且过。大好的光阴都花费在打游戏、聊天或是等待上。

其实，当你想要进入一个公司，要考量的不仅仅是它所给的待遇、薪资等这些物质的东西，更应该考虑该公司的这个岗位对自己职业规划的未来价值所在。因为未来价值远远比现有的物质价值更高。当你明白自己工作的目的，相信你会开始享受这份工作，并拿出十分的热情去对待这份工作。

由此，你才会发现工作的乐趣，获得自己需要的价值，同时，在积累一点又一点促就你成功的价值中还有附加供养你生活的物质。一举多得，这又何乐而不为呢？

跟最想跟的老板

世界上有的人成功是依靠自己某种被发掘的禀赋，而后其自然顿悟抵达成功；还有的人是在拥有一定的天赋，通过后天身边人的影响以及自己的勤奋与努力所获得。

大部分人属于后者，被人称为"股神"的巴菲特也不例外。

在成功的路上，圈子的好坏往往直接关系到事业的进度，而作为圈子向心力的领导人更是决定了成就的高度。所以，年轻人在择业时，不应该随意选择公司然后等公司来选择你，而是应该主动出击自己看中的公司，自己选择老板。

说到选择老板这方面，巴菲特的经历并不是很丰富，因为他毕业六年后就自己创业当了老板，之前真正是他老板的只有两个人，一个是他的父亲霍华德，另一个是在证券上引导他起步的恩师本杰明·格雷厄姆。

在研究生院毕业后巴菲特本想到格雷厄姆·纽曼公司义务工作，可本杰明·格雷厄姆更希望将工作机会留给犹太同胞，拒绝了巴菲特的要求。于是，巴菲特回到奥马哈。当时，奥马哈的国民银行欢迎巴菲特前去上班，可他选择了去父亲的公司福尔克工作，开始做证券销售。

在跟随父亲工作的三年里，巴菲特不仅掌握了证券市场最基本的投资方法，更是秉承了父亲霍华德的坚持原则。正因为作为老板的霍华德在工作上做任何事情都十分认真，看待事物正确和公正，许多研究调查都亲力亲为，所以，巴菲特也在其影响下变成一个实用主义者，对待工作更是一丝不苟。他最好的伙伴芒格也说过，霍华德对巴菲特往后在财富之路上的影响是十分巨大的。

在福尔克当了三年的证券营销员之后，巴菲特终于通过不断的争取努力，得到了本杰明·格雷厄姆的允许，前往格雷厄姆·纽曼公司工作。

本杰明·格雷厄姆作为价值投资的鼻祖，他的金融分析学说和思想在投资领域是极有震撼力的，影响了许多像巴菲特这样的投资管理人员，并在美国享有"华尔街教父"的美誉。他在一次采访中说过，"要在华尔街取得成功必须具备两项要素。首先，你必须正确地进行思考；其次，你必须独立地进行思考。"

想必他的员工也受其思想的影响，所以，虽然他所经营的格雷厄姆·纽曼公司只存在了20年就解体了，可从格雷厄姆·纽曼公司散落到天涯海角的职员们都在投资领域大放光彩。

巴菲特更是在其短短任职的三年内，一方面，自我深化了从格雷厄姆学习到的"价值投资"的方法；另一方面，迅速积累的14万美元的净资产成为了开设"巴菲特有限公司"的原始资金。

22

直至今日，每每提起格雷厄姆，或是在格雷厄姆·纽曼公司的工作经历，巴菲特都十分自豪于这位好老师、好老板的教导，从不否认这三年的学习是其往后财富道路的奠基石。

无论是作为父亲的霍华德，还是作为恩师的格雷厄姆，他们在巴菲特毕业后走向职场之路起步上的作用是巨大的，他们都是巴菲特自我选择的好老板。

其实，一个老板是否具备成功的综合素养不管是对于企业的发展，还是企业中员工的发展都是决定性的。如果你的老板具备远见卓识，立志要将事业发展壮大，同时具有卓越的领导能力，发现、培养和发展下属，注重个人品性修养，明白凝聚一个铁杆优秀团队的重要性，那么，你将在众多被事实证明的老板英明决策中变得崇拜你的老板，以他的眼光为眼光，以他的思维为思维，以他的目的为目的。不知不觉中，你也将变成对工作有激情，有想法，有格局的一个人。

反之，你的老板平庸、自私，一切从自身利益出发，在公司里从不关心员工，工作原则是人不犯我我不犯人，只听得进好话，多看眼前利益，决策可以一天一变。和这样的老板在一起，你不仅不能得到提携，实现自己的职场抱负，久而久之，你更是会变成一个斤斤计较，为贪小便宜而不择手段的人。

朋友小罗性格开朗，很喜欢和老板打交道，为人处世也十分圆滑。2011年上半年他被调去某事业单位上班，擅长捕捉老板心思的他很快就成了"红人"，被安排在老板身边做事。由于此老板十分爱玩，小罗就需要时常开车陪同老板在外娱乐。很快，单位诸多风言，传到了小罗妻子的耳中。因为都是大学同学，小罗的妻子找到我，并说出差不多三个月不见小罗回家的担忧。

时近年关，借着年前聚餐，我叫上了小罗一同前往，刚想问及近况，没想到小罗竟提议大伙儿去市里某休闲中心洗脚，且显得熟门熟路，之后打牌更是为了十块钱与老友争吵后扬长而去。

我们都十分纳闷，长年的相处中，小罗的胸襟虽算不上海阔天空，但在圈子中还是很有口碑的，没想到如今竟为了十元钱而起口角，我也不免为他担忧。年后，市里进行贪污肃清，小罗的直属老板被双规。

我听到这个消息后已经事隔一月，特地去看望小罗，没想到刚好碰到小罗在地里种菜。看到我来了，他热情招呼。浇水、除草，他干得不亦乐乎。我劝他先休息，不要太累，没想到他竟说，"这个不算什么，我们老板还带头用手去清理单位的垃圾呢。"

离开小罗家之后，我恍然大悟，原来，小罗判若两人的变化就源于他所跟随的老板。当他每天陪着老板娱乐的时候自己也会变成一个爱玩的人，当他每天陪着老板劳作的时候自己也会变成一个勤快的人。因为在跟随老板的同时他需要按照老板的行为方式去思考，所以就容易变得和老板相似。

可见，人都应该谨慎地选择自己的老板。要懂得选择一个可以仰慕，可以学习的老板，一个好的老板胜过于一所好的大学。

那么，什么样的才是好老板呢？这没有唯一答案，好老板很多，是哪种类型不重要，重要是是否适合你。当你认为你可以从老板那学到超出所领薪水的东西，且老板能够信任和欣赏你，你就一定不可错过这样的老板。

从不怀疑自己能否成功

在体育达标测验里面有一个科目叫立定跳远，从小到大我都十分疑惑于这项运动的一个奇怪现象，那就是，假如我心里估计自己大概要跳多远，那往往达不到我想要的远度。但是，只要我眼睛死盯着一个点，不用去想我是否可以到达这个点，却常常可以跳到接近这个点或超越这个点的距离。我总是依赖后一种方法得到了一个良好的体育成绩和老师的表扬。

后来，我才明白这种现象在心理学上叫吸引力法则。一百多年来人们对于这个词语的研究乏善可陈，直到在 2006 年的时候因为相关电影与书籍的推出风靡全球，可它的内容实际上只需要用八个字就能概括，那就是"同频共振，同质相吸"。

吸引力法则证明人生活中的所有事物都是由人自己吸引过来的，被人大脑的思维波动吸引而来。所以，你将会拥有你心里想得最多的事物，你的生活也将变成你心里最经常想象的样子。当你想要去做一件事情时，首先要做的不是怀疑自己是否会成功，而是应该先毫无顾虑地勇敢行动。倾尽全力，把你的注意力放到任何可以促成你做成这件事情的因素上面，几率才会急剧增加。

巴菲特就是一个从不怀疑自己能否成功的人。在他还只有十多岁的时候，父亲霍华德带着他前往老朋友家做客，他当时已经通过捣鼓小商品赚取过差价，谈及未来，他当场申明自己要在 30 岁之前成为百万富翁，一句"如果实现不了这个目标，我就从奥马哈最高的建筑物上跳下去"语惊四座。说他年轻气盛也罢，说他不知天高地厚也罢，巴菲特自己却是非常认真，他从不会因为周边人怀疑的眼神，或是带有否定性的经验之谈而改变自己的想法。

1951 年，巴菲特在福尔克公司任职证券营销员，主要是负责向客户推荐增值的股票，然后从股票赢利中抽取佣金。熟悉业务之后，他就开始独立地研究和分析股票。当时，他看中了一只名为 GEICO（政府雇员保险公司）的股票，巴菲特特地为此阅读了许多关于保险公司的资料，成日待在图书馆的他在那年的一月还特地乘火车前往 GEICO 的华盛顿总部拜访，巧遇董事长助理戴维森，并长谈四小时之久。

巴菲特心潮澎湃，认定这是一只显而易见的卓越股票。但是，当他向所在公司提出要购买该股票，几乎遭到了公司员工以及所有分析咨询师的反对，甚至他的上级领导，也就是他的父亲霍华德也偏向众人，不相信他的决策。

于是，巴菲特再次严谨地分析这只股票，并进一步确定其获利可达五倍之多。在没有人相信他的时候，他也没有犹豫，自己拿出 10000 美元投入这只股票。在经过多番劝谏后，姑姑爱丽丝也积极支持他的投资。一年之后，GEICO 果然如巴菲特预测，升值达两倍之多，一些听了他的分析为此投资的人都净赚了上千美元。

这就是巴菲特投资生涯的开始，他的不怀疑促成了他最开始的成功。之后，对于他的每次投资，外界都是从各种争议走向由然佩服。他最大规模的一次投资是在 2006 年那一年，在以色列内恐怖袭击时有发生，商人们对其都是避而远之。巴菲特相反，在非常时期他以 40 亿美元购买以色列伊斯卡尔金属制品公司（Iscar Metalworking）80% 的股份，这是巴菲特在美国以外进行的最大一笔投资交易，也是以色列历史上来自海外的最大一笔投资。不知巴菲特在此次交易中具体获利多少，但单凭以色列政府会从这笔交易中获得近 10 亿美元的税金，相当于以色列年平均税收的 2.5% 中就可以看出，这又是巴菲特一次相信自己的判断而行动获得的很大成功。

"我从来不曾有过自我怀疑，我从来不曾灰心过。"这是巴菲特的名言。他相信自己的价值所在，而实际上，每个人都有他的价值所在。

"天生我材必有用"，一张钞票被踩在地上，甚至被他人吐了口水依然有人想要拥有它，何况是生在这个世界上独一无二的人呢？年轻人从校园一头扎进社会这件大毛衣里，必然会有看不到出口的时候。精心完成的一个创意、一份策划、一篇文章，领导随便看一眼就说出条条不行的理由，修改再修改，弄得我们灰头土脸却又无处诉说。

为此，常常令我们觉得自己一无是处，怀疑自己的能力。这个时候，请千万要抛弃这种想法，你的价值一直都在，只是你的能力需要在这样的磨砺中才可以不断提升。即使风雨再大，只要你朝着既定的目标努力，终能绽放光彩！

何况，世事常变，没有人能在做一件事情之前就确定自己是成功还是失败。当你在决定做一件事情的时候还要分心去考虑是否会成功时，你已经输在了成功的起跑线上。

生活中的你就像一块有生命力的磁铁，你总是可以得到你花费精力和集中注意力的东西。反之，当你一味设想得不到的后果，那这些后果就会来得更快。因而有人说，专注就能成功。因为专注的时候你不会去想其他的事情，只会想如何将当下的事情做得更好。

说到这里，想必思虑过多的人一定会疑惑，那什么才是成功呢？成功可以分为两个部分：你怎样看待自己；别人怎么看待你。当你已经有了既定目标，并且正在为之奋斗时，你看待你自己的那一部分必然是成功的。至于别人怎么看待你，也要因人而异，没有你这份收获的人会因为得不到而认为你成功了，已经获得与你一样收获的人并不会觉得你很成功。

所以，年轻人，何必要害怕不成功呢？只要去行动你就已经成功了一半，而另一半就看你平时勤奋与努力的程度了。

"遗产"花不了一辈子

众所周知，巴菲特虽然是亿万身家，可过着十分简朴的生活。住着五十年前购买的房子，开着二手的雪佛兰汽车，衣服要旧得不能再穿的时候才买。

他有三个子女，大儿子霍华德（为纪念自己父亲，巴菲特以父亲的名字为大儿子命名），小儿子彼得，还有女儿苏茜。因为有着这样的父亲，所以他们看起来也绝不像是富有家庭的子女。他们从来不会因为父亲的富有而洋洋自得、好吃懒做，过着挥金如土的日子。反而，他们都脱离父亲的财富有了自己的生活。

霍华德爱好环保事业，长期在美国伊利诺伊州种植大豆与玉米，曾在全球抗争饥饿的年代，远赴非洲，默默忍受艰辛的生活。他运用自己所学的知识，开发研究各种抗农作物的技术想解决饥荒的困境。他是"农业、环保、公共事业"最美的天使，被誉为"对世界最友好"的人。

当大家都觉得巴菲特努力赚钱而舍不得花钱，一切都只是为了子女时，霍华德解释说，自己的父亲精明，从来不会让他们养成不劳而获的习惯。当他们开始有零用钱的时候，父亲就在阁楼上放了一台自动贩卖机。他们都去那里买东西，导致一年都存不了十美元，所有的钱都被父亲赚了回去。

巴菲特的小儿子彼得的经历就更不可思议了。因为喜欢音乐，他走上了一条与财富完全无关的路线。也许你也会认为他有一个富有的老爸，起点高，艺术之路压力小。殊不知，彼得曾为了音乐弄得穷困潦倒，找父亲谈及资金问题总四处碰壁。旁边的人都质疑了，他还是巴菲特的儿子吗？

彼得不但没有继承父亲衣钵成为华尔街的金童，还抛出了"美国没有富二代"的言论。而他的选择也得到了回馈，成为知名音乐人，曾获得过代表美国电视界最高荣誉的"艾美奖"，并为《与狼共舞》的"火舞"配乐。现在的他与大多数年轻人一样要努力工作，承担房贷，但他依然快乐，因为他觉得父亲给予了他"遗产"以外的许多东西。

巴菲特常说，"给孩子们过多的钱是既不正确也不明智的。富可敌国的巨额财富将更加扰乱竞技场的公平竞争，应该让他们经受磨炼而不是为他们铺平道路。"他认为通过继承得到的财富是"给富人的福利"，而需要福利来维持生活的人，必然不会成功。

看着巴菲特的子女们在这么富足的物质生活条件下，竟都没有被巴菲特的影子绊住未来的脚步，且可以不依靠父亲而过得很好，这不失为巴菲特在投资领域之外的又一大成功。

巴菲特能培养出这么独立且优秀的子女，自然与他自己的成长经历有关。之前说过巴菲特的父亲霍华德是福尔克证券公司的董事长，他的刚正不阿与坚持的原则影响了巴菲特的一生。至于"遗产"方面的优势，霍华德的处理与巴菲特类似。他没有将遗产留给巴菲特，他觉得留给巴菲特的应该是让他更好生存的苦难。

比照巴菲特的家族，中国的某些年轻人实在令人担忧。2010年10月，河北省保定市一名叫李启铭的青年，他仗着自己爸爸李刚是保定市某公安分局副局长，开着跑车撞倒两个女生，却不闻不问，导致一死一伤，引起公愤之时，还扬言道，"有本事你们告去，我爸爸是李刚。"

此事一出迅速成为各大媒体，甚至国际媒体关注的热点，"我爸是李刚"一语更是成为最流行的网络语言。"官二代""富二代"们凭借着上辈的成就，愈来愈嚣张。

"我爸是李刚"的余音未过，"我爸是双江"的声音又高一尺；郭美美微博炫富的一波未平，卢美美身份曝光一波又起；事业编制、公务员中某领导为儿女"量身定做"职位，对外"萝卜招聘"的内幕接连不断；"90后"女子王茜差点被任命为湘潭市岳塘区发展改革局副局长惹人非议；由于没背景导致落榜的消息时有耳闻……

坊间甚至有民谣为，"上清华，读北大，不如有一个好爸爸"，似乎只要凭借一个有钱或者有势的老爸就可以直上青云。

年轻人不拼能力，不拼勤奋，却拼各自父母的成就，让世人皆忧，这对于想要自立、获得成功的新一代青年来说，其未来发展的定位实在是本末倒置。可事实上真的只要有好的家庭背景，有对好父母就一定无往不胜，衣食不愁吗？

作为所谓"穷二代"的你，一味地责备自己的父母没能提供给你发展的捷径，抱怨命运的不公平、社会的某些阴暗，沉浸在自己没有投胎到能让自己含着"金勺子"出身的家庭的悔恨中；又或者你是所谓的"富二代"，因为父母有能，所以你不愁升学，不愁工作，成天只是无所事事，你相信父母会帮你安排好一切。

假若你有以上所说的任意一种想法，那真是大错特错！

河北保定李启铭交通肇事案一审宣判，李启铭被判 6 年；李双江之子李天因构成寻衅滋事罪被收容教养一年，已送交执行；王茜没有被任命为副局长，同时，湘潭市人大常委通过调查后决定免去其父王达武发改委主任一职……要知道，用"拼爹"来投注的人生没有侥幸。

记住，父母的"遗产"花不了一辈子！那些"富二代""官二代"彰显的优渥的物质条件、社会地位等都是父母的，只有你的智慧、技能、知识才是转化为你自己资产的原动力。有好的父母或许可以给你提供更好的平台，可如果你只会用这些来享受当下，那往后的日子将只有贫瘠！所以人要有自己的抱负，不能指望父辈把路铺好，这样的结果可能是一事无成，或者因为得不到而愤世嫉俗。

如果你现在还问，社会竞争如此激烈，不"拼爹"我们拼什么？我要告诉你，拼本事！只有本事才是你自己和你将来能给予你的子女一辈子都花不完的"遗产"。

起步越早越好

世界上没有哪个成功者不重视时间的力量。

巴菲特 5 岁就想成为有钱人；6 岁开始贩卖可口可乐；10 岁的时候就要求父亲带他去世界金融中心华尔街以及股票交易所参观；11 岁时除了在家中附近的哈里斯证券交易所帮助做一些股票的浮动标记外，还投身真正的相关证券工作——研究股票与炒股；19 岁在哥伦比亚商学院学习证券；27 岁就创业拥有了自己的投资公司；30 岁就已成为有钱人，身价达百万美元。

即使如此，巴菲特还是后悔自己为什么没有在 5 岁的时候就开始投资活动，否则，现在一定可以比当下更成功。巴菲特明白经验的重要性，他清楚经验需要时间去经历，而只有经历所增加的阅历，通过思考得到的东西才能转化为成功！

黑格尔也说过，"没有经验就没有认识"。而经历作为经验的基础，更不能被人忽视。也就是说，年轻人当确定自己的兴趣时，也要重视丰富自己的相关经历。

常常听到身边的年轻人，特别是应届毕业生抱怨，说企业招聘时偏见太重，几乎所有的岗位都要求有相关工作经验几年以上，这也就是很多人在选择一个行业以后再也难跳出该行业的原因。

其实，这种现状情有可原。经历就等于经验，相比之下，有经验的人必然比没有经验的人会做得更好。而企业要找的是能在短时间内给公司创造最大利益的人才，在这方面当然会有这个要求。

因此，当你对某件事感兴趣时，起步是越早越好。假如，你也像巴菲特一样，很小的时候就找到了自己的兴趣所在，且一直在为此努力着，那么，恭喜你，只要你继续坚持，你成功的几率已经超过了同步者的好几倍。

假如，你到了20多岁才找到适合自己的行业，那也没有关系。纪伯伦说过，"在每个开始中都有过去；在每个过去中，都有开始。"所以，从现在开始加油，尽力倾注时间，相信在不久的将来，你也能获得你的成功。

有专业的职业分析师得出过这样一个结论，只要你专注一个行业长达39年之久，你就一定会成为这个行业的大师。如此推算，在你已经明确了目标，并一直在为之奋斗的前提下，当你10岁就行动时，你49岁就可以获得成功，而当你20岁才开始行动时，要到59岁才能有所成……因此，想要成功，起步越早越对自己才越有利。

可是，许多年轻人都养成了一种拖拉的习惯，空想而不奋斗的现象普遍存在。殊不知，很多事情当你决心想要去做而没有立即行动的时候，你就会错过将其做成的最好时机。

不知道你有没有过这样的经历，当你列出一个单子，里面有你想做的，却与自己的学习、工作无关的事情，比如旅行，比如看望故人，比如一本书。

写完了，你就把它放在一边，你总想着等到自己有时间了就一定去做。可事隔一年或十年之后你再拿出来翻看，发现你要做的事情还是在那里。而你要旅行的地方或许已被拆迁，你要看望的故人去了更远的地方，你要找的那本书已经绝版……你再想去完成这些事情，都难以如愿，因为你的一味拖拉与等待让你失去了去做好这件事情的机会。

《战胜拖拉》的作者尼尔·奥菲里在书中写过，"我们真正的痛苦，来自于因耽误而产生的持续焦虑，来自于因最后时刻所完成项目质量之低劣而产生的负罪感，还来自于因为失去人生中许多机会而产生的深深悔恨。"

趁早起步，战胜拖拉之后，还有一点就是要确定自己的兴趣不是一时兴起。相信你的周边也不乏头脑发热的朋友，做出的决定总是每时每刻都在改变。

我的朋友思思就是一个典型的例子，她是一家外企的行政主管，前一段时间在一次外贸商会聚餐中结识了翻译林灵，看着这位对英语、法语、意大利语都很精通的女子，在会餐中帮助老总有条不紊地应对各国来者的交流提问，她佩服得五体投地。事后立即打电话给我，宣布自己以后也要像林灵一样，并要我帮忙购买相关语言学习的资料，培训班，录音带、各种课程书籍一样都不能少。

两个月之后，我问她英语或是法语学得怎么样了。她坦然，因为其他的工作根本没有时间学习，只能不断推后了。而之后你也能够猜到，没有以后……

显然，这种一时兴起的决定绝对不会帮助你确定终生职业，这样的兴起只会让你变成一个在职场上朝三暮四的人。

因此，在你打算起步的时候，一定得确定你的起步是否能一走到底，也就是说你所兴起的一定得是你真正的兴趣所在。

那么，如何来判断自己是真正对某个行业感兴趣呢？平静你激动的心绪。在美国有这样一个约会原则，那就是在社交场合认识的男孩女孩，在拿到对方的电话号码的 72 小时之内，都不会给对方打电话，这被认为是一种尊重。心理学证明，72 小时之内，你对对方的感情都只是生理冲动和激情。但是如果三天以后，你还是情不自禁，那么就该好好投入这段感情。

对感情如此，对工作也是如此。当你感觉到了自己有兴趣的行业，在起步之前请先冷静三天，三天之后如果你还拥有抑制不住的热情与激动想去把这件事情做好，那你就勇敢去吧！因为，那一定是你真正想要从事的行业。

只要你趁早地努力朝着一条道路上走下去，你学到的知识与经验会为你加分，在不久的未来，你就是这条路上的人中龙凤！

第二章

做一个现实主义者，关注现实，崇尚简单

很多人都标榜自己很现实，其实此"现实"非彼"现实"，太偏激的人看不清真相，就像总在说着"男人没一个好东西"的女孩子，反而是最好骗的。也有一些人想问题太深入，思维太复杂，反而离正确答案越来越远。

巴菲特一生都是个现实主义者，关注现实，从不沉溺幻想，总能抓住事物的关键，以简单有效的方法解决问题，在他的世界里，理性永远占上风，绝不会被个人情绪影响判断。

思考问题瞄准根本

巴菲特的成功总是让人羡慕，而他的成功与其独特的思维方式是离不开的。他总是能在最快的时间内找到事情的根本，并解决。这是所有研究巴菲特的人对于其行事作风的公认点。比如他持有可口可乐的很大部分的股份。当时他分析可口可乐公司，除了看好其经营和管理之外，最重要的一点是，他认为可口可乐可以很美味地解除口渴，而全世界人都会口渴。

巴菲特做出任意决定的理由总是显得非常简单，简单到每个人都有一种自己"明明能够想到却没有想到"的愚钝之感。

可见，复杂的问题往往是由一系列简单的问题组成的。而所谓的困难，是指面对一个复杂的问题不知如何拆解。如果能像巴菲特一样养成瞄准问题根本去思考的习惯，时刻能理性地根据常理去判断一件事情，想必，在最短时间内最好地解决事情的几率会大很多。

再回到巴菲特致富的话题，毋庸置疑，每个人都希望自己能像巴菲特一样富可敌国。而在"一夜暴富"的梦想中，大多数人能想到的最快最有效的正常渠道只有两种，一是炒股，二是买彩票。

于是，市面上有无数关于股票、彩票走势预测，短期波动规律的周期等书籍、杂志，或是所谓专家大师的分析指导，其分明都是根据所显示的数据几率来猜测的，然而追捧的人还是一大堆。

特别是在股市上，当有人听说了某股票明天会大跌或是大涨，该消息通过"十传百，百传千"的形式扩张开来，被说得神乎其神，很多股民就会经不起诱惑，急着抛或忙着买。一只股票就是在这样的风言风语中开改跌为涨，或改涨为跌，往往相信的人就是亏损的人。都说"三人成虎"，借着此"虎"的心理力量，一些股市的投机者赚了不少钱。

巴菲特从来不会被这些"内幕消息"或"专家预言"所左右，他只相信自己的思考与分析。这么多年的投资生涯，巴菲特最信奉的还是"价值投资"，这个他从恩师本杰明·格雷厄姆的投资理论中学到并升华的精粹，是他能在股市所向披靡五十多年的瑰宝。20世纪90年代，网络科技正值上市的火红时期，股市上大多数的投资者都把眼光投向该领域，认为此领域高涨有理，必然可以收获丰盛。可巴菲特背道而驰，他放弃了对网络科技股票的分析追逐，而是将投资目光关注到他一直都有兴趣的运通、可口可乐、吉列等传统企业。很多人对他的行为嗤之以鼻，认为他不懂形势，一定会吃亏。

然而，巴菲特却认为，网络科技公司是一个新兴行业，业绩暂不稳定，市场竞争力也不平稳，疯狂的高涨并不平常。股票都会随着其所在公司的价值变化，价格过高或过低最终必然都会依照该公司的价值回笼，这才是市场的价值规律。果不其然，当网络科技的股票价格高达一定点时突然大跌，很多股民损失惨重，而巴菲特投资的传统企业，至今犹存，使他得到了高额的回报。

2001年在媒体的一次见面会上，巴菲特说他对于预测市场的波动一直以来都很不擅长。事实上，他对于未来六个月、一年或是两年后的股市的走势一无所知。他说，"在投资中，我们把自己看成是公司分析师，而不是市场分析师，也不是宏观经济分析师，甚至也不是证券分析师。"

的确，在炒股中毫无必要关心股市的走势，或是研究某股跌涨的时差规律，因为股市的价格是跟着拥有着该股票的公司的价值变化而变化的，只有公司价值的变动才是股市跌涨的根本！这是很简单的道理，但人们在思考问题的时候总是绕不开被妨碍的现象，无法找到问题的根本，当然离解决问题的方法越来越远了。

就拿现在许多年轻人所确立的目标来说，询问起，大部分人的回答都是赚许多钱，为此，他们可以湮灭自己的初衷，放弃自己美好的爱情，背离自己纯粹的友谊，忘记问候自己的家人，甚至违背社会的道德与法律。可是，当你继续问道：付出如此诸多，那么赚了许多钱以后你要干什么呢？

买车，买房。

有车、有房之后呢？

对家人好。

家人衣食无忧，身体健康之后呢？

做一些有意义的事情。

……

原来如此，你去赚取许多钱，只不过想要从中寻找自己的社会价值罢了，那你就不用为了金钱赔上自己的理想，卖了自己的健康，因为社会价值并不一定要用许多金钱才能实现。

人有时候总是会因为将事情想得太过复杂而忽略了其中最简单、最显而易见的道理。这个世界上所发生的事情千千万万，每个人通过思考也可得到千千万万解决的办法。可巴菲特常常能找到问题的根本，那是因为他总是能将剥除事情复杂的外壳，瞄准事情的根本。

因此，年轻人，当你对一件事情有所疑惑，在看起来复杂的关系之中剪不断理还乱的时候，请你先冷静下来。

拿出一张纸和一支笔，将疑惑点以及问题缘由都写出来，去除非关键性问题以及各类形容词，试着站在客观的角度来看这个问题，找到根本。

假如你现在是一家保险公司的电话营销员，你拨打了100个电话，100个客户都在两秒钟之内挂断了你的电话，这时，你会怎么办呢？不去看问题的根本，一般人都会想，我会继续拨打。

等一等，仔细分析一下这个问题，你就会发现这其实并不是你的毅力的问题，因为你已经拨打了100个号码，继续拨打并不会起到任何作用，一定是技术问题了。你所从事的是电话营销，你却不能让任何一个客户耐心地听完你的电话，就代表你说话的方式是有问题的。

由此，就找到了问题的根源，彼时你该思考的是通话时你对于客户有什么言语方面的不妥之处。只要找到了这个思索的中心点，你的问题自然可以迎刃而解。

复杂思维会有反效果

在投资的原则上，巴菲特有三大投资原则：第一是保住本金；第二是保住本金；第三是谨记上述两点。

可见，在投资理论中，巴菲特对于保住资本在投资的理论中的地位看得有多么重要。但是，仍然有许多人忽略这块基石，总在某个"内幕消息"的刺激下，想着要赚大钱，不惜将自己的全部资产都投入进去，往往血本无归。

在金钱的利益的诱惑之下，最易引起思维复杂之中人性的阴暗面，彼时，自身利益蒙蔽了客观事实，必然会导致悲剧。

李超今年24岁了，毕业后的他一直在一家小企业打工，经常在外跑业务的他，认识一个客户。

不久之后，这个客户打电话告诉李超自己在联系一个工程项目，只要开发商答应，投入一定的资本，不出三年就能获取纯利润100万元。在李超下班之后客户更是又请吃饭，又请唱歌，一边叹息因为缺乏一定的资金不得不找人合作，一边将其对李超"一面投缘"的情谊吹捧得如何神圣深厚，就是为了说服李超一起走到发财的道路上来。说是事成之后两人五五分成，但前提是要李超投资20万元。

客户的"款待"让本就在现实与理想中看到差距的李超心动了，想到自己只要投资20万元，三年之后就能换取50万元的高利润，届时，买房将不再是这位拿着月薪2000元左右的公司小职员的梦想，李超欣然答应了同事的要求。

回到家中，李超又分析了客户不会是骗子的原因，以及他会顺利成功的条件，说服了爸妈拿出了家中仅有的18万元，再加上这两年自己攒下的钱，一共20万元一并交给了该客户。

刚开始两天，李超每天都询问该投资项目的动态，客户也将在项目谈判中碰到的各种障碍说得头头是道，可是一个周末过后客户的电话就转变成无法接通。次日，李超再次赶往客户的住处，房东告诉他该客户早在一星期前就已经搬走。

这对于倾家做着发财梦的李超来说简直就是一个晴天霹雳！原来这只是一个骗局！

只可惜李超意识得太晚了，后来的继续寻找和报警，都显得毫无用处，眼见着20万元的血汗钱就这样打了水漂……

在我们的生活之中，像李超这样受骗的人不计其数。骗子正是抓住了人想不劳而获的心理，才能一再引人上当。

其实，冷静想一想就会知道，如果真有发财的路子，别人早就自己去发财了，又怎么会来找你这个外人来分一杯羹呢？

很简单的道理，可人们常常会因为将其想得太过美好或太过黑暗而找不到它的中心点。模糊了事情的问题根本所在，自然只会让事情越变越糟。

美国超级投机家乔治·索罗斯也曾说，"如果你自以为是成功的，那么你将会丧失使你成功的过程。"

"当局者迷，旁观者清"是自有道理的。局中之人，往往容易陷入看似错综复杂的格局中，加上思虑过多，会引出各种利益交加，情感糅杂。于是，前瞻后顾，犹豫不决，最终是顾此失彼，难能齐全。可局外人只看格局的部署，自然剥除了个人利益的得失之心，很容易就能找到局中纹路的走向，理清谁是谁非，结果更是简洁了当。

只有简单的思维才能让人们撇开利益关系从客观的角度去看待问题，找到解决问题的根本，而复杂的思维则会促使事情的反向发展。

就拿企业价值评估来说，很多专业性的机构对于企业价值的评估是多方面且极其详细复杂的，可巴菲特却崇尚简单。他不止一次声明自己喜欢的企业的标准之一是具备"简单的业务"，他不赞成各大高校商学院中所传授的复杂的企业评估办法，曾公开批评说，"商学院重视复杂的过程而忽视简单的过程，但简单的过程却更有效。"

巴菲特认为，作为一个投资者不可能做到对每个企业多变的因素进行预测，这就意味着投资者应该投资的企业本身的运营是简单且稳定的，投资者要尽量选择可以了解公司，只有这样才能提高企业价值评估的准确度。

再者，对于大多数投资者来说，在投资之中重要的不是他到底知道什么，而是他们是否真正明白自己到底不知道什么。因为一个人所了解的知识是有限的，学过太多知识的人容易掉入全而不专的陷阱，而对于不知道的事物人们往往能轻易辨识。如此，将复杂的事情简化，投资人只要在投资中明白自己不知道的东西，而后在操作中避免这种局限犯下的错误，就足以成功了。

巴菲特这种运用简单思维来进行复杂的投资活动的原理，我们可以用一个很明白的推理来说明。

假设从销售收入、销售成本、折旧和摊销、资本支出、资本成本5个价值驱动因素来评估一个公司，其中各个因素评估的准确率为90%，错误率为10%，那么，这个公司的整体价值评估的准确率相当于各因素预测准确率的乘积即60%，错误率为40%。

而以上包括的五种因素又取决于千万种相关的因素，每项的预测准确率高达90%已是一个理想数字，现实生活中其整体的准确率只会更低。

以此类推，你还会发现囊括的因素越多，其预测的错误率就越高。因为在价值评估中每个因素都是环环相扣的，当其中一个因素有预测错误的时候就会影响另一个因素，由此，过多的复杂预测只会带来过多的问题。

可见，在任何预测之中，将事情想得越复杂越容易出错，越简单才越容易正确。

假设：你有一个很要好的工作伙伴，你们彼此欣赏，在工作上互相帮助，互相鼓励。可有一天你突然发现你的朋友对你的态度很冷漠，且有意避开与你碰面的机会。

思维复杂的人就会自己闷着头思考："我到底做错了什么？"接着，

在各种思索中猜测原因，总想着错的应该不是自己，打死也不想做那个低头的一方。你们的冷战就这样开始，为此，你的心情低落，工作也时常走神，效率降低，上班显得十分难熬。久而久之，就真的失去了这个工作伙伴。

这个时候，往往思维简单的人就会避免痛苦的煎熬，直接找到机会问工作伙伴态度转变的缘由，这样不仅有利于解开误会，冰释前嫌，更是有利于发现自己的不足，改正缺点，塑造更完美的自己。

所以说，在生活与工作中我们要多运用简单的思维，因为复杂思维容易有反效果。平时碰到任何问题你只要去考虑两点：其一，你能得到什么；其二，你会损失什么。将两者比较，当得到的东西相对于损失更珍贵，而你损失在你的承受范围内，那你就可以去做这件事情；当得到比损失的要少，而你的损失超出了你的承受范围，那你最好不要去做。

实际经验永远比理论直观

　　理论是经验的基础，经验才能让理论升华。文凭固然重要，它是通往职场的车票，硕士是软卧，本科是软座，专科是硬座，以下就是站票了。可是，下车之后就得凭各自本事了。可见，拿到文凭之后，如何将在文凭中的学识运用到实践中去才是重中之重。

　　在这方面，巴菲特也是十分赞成的，他很重视实际经验。伯克希尔·哈撒韦公司的高管们在该公司工作年限达到了平均 23 年，可公司对于退休年龄并没有规定。

　　巴菲特认为，经营公司一天所获得的价值便是在亲身经历中所获得的经验。只要还能有头脑进行有效的思考，那么，在 80 岁的时候依然能像28 岁那样把工作做得很好。为此，他还用了一个很形象的比喻，"没有人能向一条鱼解释清楚在陆地上行走的感觉，即使描述得再淋漓尽致，也抵不过给鱼一个机会让它在陆地行走一次。相信鱼的亲身经历所获得的自我感知绝对远胜于我们一千年的游说。"

　　而在平时的工作中，巴菲特是出了名的实践论者，他从不相信任何人的理论分析。一次，有位女子主动打电话给巴菲特告诉他自己分析了一家公司的资料，觉得该公司很值得投资，想将资料寄给巴菲特，希望他能够认同自己的看法。巴菲特直接拒绝了该女子的要求，并请求其不要将资料寄过来，因为他不相信任何表面上的理论分析。

　　巴菲特投资生涯至今长达近 60 年，大部分的投资决策都没有失误，这引起许多投资人的好奇。实际上，他的成功主要得益于他习惯任何事情都不听表面理论分析，而是亲自调研。

他常常告诫投资者，股票投资，需要分析企业的自身价值，而其自身企业价值的确定是需要靠自己长年累月不断地收集资料，凡事都亲自去做，亲自去调查，这样才能得到最直接、最真实、最可靠的信息。如此，才能确定该企业是否值得投资。

被评为"20世纪最伟大的企业家"，世界著名的"汽车大王"亨利·福特也曾说过，"任何人只要做一点有用的事，总会有一点报酬。这种报酬是经验，这是世界上最有价值的东西，也是别人抢不去的东西。"

但在职场之上，很多年轻人总会在一些所谓的理论总结面前变得"现实"，在唾手可得的机会面前选择望而却步。

人在做任何一件事情的时候，当你没有亲身经历，亲身感受，你就永远没有发言权。所谓顾虑，所谓反面的决定，那都是你不敢去行动的借口！

实际经验永远比理论直观，它不仅可以让你在亲身经历之后得到更真实的感慨，获取更意外的收获，还能让你驾驭理论数据，在实践之中获得真正的经验，为你的成功增加砝码。

看清一件事要等到最后

急躁已经成为了现代人的一个通病，仿佛所有的事情应该都是在动手做的那一刻就该有个圆满的结果，于是为了这个目的不经过仔细考虑或准备就行动。从开始到结尾，其间容不得多少过程，常常抱着"等不得了"的心理。

的确，这是个没有时间去浪费的年代，国家大步地向前走，身边的每个人都大步向前，自己哪能慢下来？

所以，一些人在工作、升职、挣钱方面倾向于"抄小道"；钻营者们惦记着位子，热衷制造"短、平、快"政绩；企业频繁提出"决战××天"或者"大干××天"的口号，甚至采取各种奖罚措施对工程建设的进度加以刺激。

"急！急！急"像一个魔咒一样定在现代人的头脑里，使人难以停下来。

古语有云，"欲速则不达"，太过急躁的人，在看待一件事情的时候容易陷入浮躁的境地，眼光变成只看得到当下，看不到未来，看不到全局的窄小。思维更是会局限，看不清楚事情的真相，找不到最佳的解决办法。

特别是在这个物质欲望过于强烈的社会，一味追求成功带来的急躁，容易让人急功近利。其主要原因正如武汉大学社会发展研究所所长罗教讲所说，"改革开放以来，一些人发奋图强，靠自己的聪明才智，迅速走上了致富路。然而，在逐利本能的驱动下，也有一些人，利用某些制度空白，同样获得成功，并成为众人羡慕的'成功人士'，引起全社会的躁动和仿效。"

但"立志欲坚不欲锐，成功在久不在速"，在真正成功的这条路上没有谁是可以依靠急速来成功，因为在现实生活中，很多事情不到最后你不会知道它会成功。

1963年巴菲特斥巨资买入了运通公司的股票，该公司却随即爆出提诺·德安杰利斯色拉油丑闻，运通的一个子公司为一批以伪造文件送进新泽西州储油槽的色拉油开具仓单，后来发现，这些储油槽内装的几乎是水。因此，美国运通公司的声誉急剧下降，被卷入官司，并面临着几百万美元的损失赔偿。其股票更是从每股60美元跌到每股35元。

伯克希尔的不少股东都责怪巴菲特评估不慎。遇到这种糟糕的意外，巴菲特也无法预料，他本打算采取解套止损措施，可是他通过冷静调研与观察发现，很多商家照样接受美国运通卡，除了几个打官司的区域，美国运通卡在其他地方发行无阻。巴菲特就此断定，美国运通公司并没有真正垮掉，危机只是暂时的，它仍然得到美国群众的信任，所以他打消了采取止损措施的念头，反而进一步增持该公司的股票约1300万美元。

终于，经过两年的浮动，美国运通的股价翻了三番，根据资料显示，伯克希尔在出售这批股票时，获利两千万美元。

这件事情启示了我们：事情还没有到最后的时候，请不要轻易下定论。所以，年轻人在做任何一件事情时都要有耐心，让自己保持冷静，客观地对待事情的发展，不要让急躁主宰你的成败。

有句话说得好，"笑得最后的人，才是最成功的人。"

一方面，任何事情不到最后，结果永远不确定，性质永远无法界定，没有谁能保证它成功，也没有人能笃定它一定失败。这其中所出现的过于正面的肯定只会助长自傲的火苗，烧光收获的草种；过于负面的否定则会让人丧失信心，走入自卑，失掉希望的源泉；更可能让人在误会中错失一个好友、将才。

另一方面，只有运筹帷幄、气定神闲的人才会在做一件事情的时候保持微笑，不论他人怎么游说，不论他人如何看待都不能影响他的论断。并且，他能在这种清醒的微笑中时刻观察局势，适时调整方案，以达到最后的成功。

　　所以，我们要切忌对一件事情或是他人的为人过早下是好或坏的论断，这样只会走入片面、错误的边缘。要学会用耐心去观察，多角度对待他人、思考问题，才能避免造成不必要的损失。

让情绪处于中间状态

对于一般的投资者而言，正常渠道的投资行为是十分自由的。没有人吹鼓，没有人限制，自己决策或实施，自收自支，后果自负。投资的机遇是客观存在的，常年投资的人只要能站在客观的角度去分析，就能看清局势，投资成功。可偏偏人都容易被情绪所左右，特别是在涉及自身利益，在乎得失之时。

股市跌宕，大多数股民的心情也会随之或高或低。熊市的时候都是灰头土脸，所持股票价格稍有下降就立即全部抛出，生怕多亏了一分钱。实际上，持有一只股票当是长久性的，巴菲特从来不会因为一只股票的一时下跌而抛出股票。这样做亏掉本钱不说，更是容易陷入为卖掉一只潜力股而追悔莫及的境遇。

牛市的时候喜气洋洋，贪图暴利，看着不断上升的股市行情，不管整个大势的走向，赚钱之后为了赚取更多的钱，把所有的资本都投入，买风险高奇的股票，往往血本无归。

1987年，这个被称为21世纪"最后一次发财机会"的年代，美国股市异常火热，平均股价指数高达2500点。面对巨大的诱惑，大多数投资者再也无法保持往常的平静，完全忽视股票的价值点，抑或在明明知道自己没有足够把握的情况下，还抱着侥幸心理买下了许多不当值的股票。股票交易所也因此变得人山人海，看似一片繁华。巴菲特却犹豫了，因为他发现自己无法判断投资方向，股票市场只是显示过热。

当年 10 月，巴菲特的预感得到证实，股票崩盘的迹象明显，他除了保留三种，果断抛出了手中其他的所有股票。很快，股市上演了"黑色星期一"、"黑色星期二"的悲剧。很多人在这段时间中倾家荡产，悲痛欲绝。可巴菲特凭借着冷静的决断，在这场全股票的焦急之中悠闲地喝着咖啡。

"对股市行情反应过度的倾向是十分有害的，它不但会破坏你平静有序的生活，并且会大大影响你作出决定时的正确率。"巴菲特如是说股市，其实生活也是如此。

情绪太高或者太低，都会影响你的决定，它会让你更加深信你作出的决策，导致人在多数时候抓着错误的选择而不放手。且不说平时电视剧中所演的某公司董事长为私人恩怨而不断与相关企业敌对，受仇恨的情绪驱使，阴谋诡计频出，最终都落得家破人亡，在现实中就有写照，连在平日职场中，这类事情也层出不穷。

编辑部招了一位刚毕业的女编辑，由于其家中本有企业，加上名校的科班出身，女编辑自有几分傲气。作为新人，较之而言她确有优势，实习期一晃而过，她虽没有出彩成就，但字里行间很有灵气。因此很得主编器重，希望其转正后能通过各种磨砺成为公司的又一得力帮手。

主编做事要求很严格。一次，交代女编辑写一篇文章，要求两天后交稿，可她四天过后才上交。主编不仅痛斥她过了交稿时间，同时，也将她的文章批评得一无是处。

没想到女编辑当即和主编争吵起来，一边为拖稿之事寻找借口，一边捍卫自己所写的文章，完全没有任何采纳前辈意见的谦虚。心高气傲的她更在怒气之中递交了辞职报告，当天就放弃了转正的机会，离开了公司。

公司其他同龄人很是羡慕女编辑的潇洒，可在职场打拼多年的我们却为之惋惜，想来她也是因为有着家族企业撑腰，不需要顾及后路。

前段时间我偶然在餐厅里碰到了女编辑，问及近况，才明白她暂时并没有工作。原本是打算辞职后回自家企业工作，可由于家里的公司出了点问题而停业。再出去找工作，又临近毕业季，数万大军走进职场，找工作竞争很激烈。每每说到未来，她被父母追问得无言以对。她说她非常后悔自己的冲动，可惜，一切都回不去了……

叹息之余，我更想告诉年轻人，千万不要因为一时之气而放弃好的发展机会。人不能被坏情绪所左右，而应该学会主动控制自己的情绪。

被情绪所掌控的人只会为了情绪离开一个又一个岗位，分别一个又一个恋人，最终一无所有。而掌控情绪的人，时时都明白不论外面的世界是什么样子，他人的看法是什么样，自己得对自己的状况负责。当老板发火的时候他会选择沟通而不是气冲冲地离开；当与爱人分手的时候他不是憎恨，拿着刀去杀掉让爱人离去的人，而是衷心祝福，学会放下，相信自己要找的另一半还在某一处等候；当孩子哭闹的时候不是破口大骂，而是耐心教育；当别人误解的时候不是恼羞成怒，而是找到原因的根本，再向别人解释着接受；当堵车的时候不是一味地心烦意乱而是心平气和地利用这段时间听一首歌，看一段新闻……

总之，对于一个懂得掌控情绪的人来说，生命中的每一个突发事件都是一件很好的礼物，他都能收到奇特的惊喜。

因此，凡事都当淡然处之，尽量把自我情绪放中间，避免自己的决策或是工作状态被情绪所影响。当然，把情绪放中间并不是要抑制自己的情绪，只是在处理事情的时候不要带着情绪。处理事情之余，应该用适当的办法，比如运动、听歌、倾诉等办法来发泄自己不满的情绪，这样，才有利于身心的健康发展。

理性比智商更可靠

投资领域最是风云莫测，朝夕变故，每一步都需小心行事。其中之人，不是被市场所利用，就是利用市场。也许你也会疑惑，那些利用市场的人是否都是聪明过人之人？其实不然，巴菲特说过，"很多人比我智商更高，很多人也比我工作时间更长、更努力，但我做事更加理性。"

他所经营的伯克希尔·哈撒韦公司近十年来的年均增长收益率达到了23.6%，只因为他从来不做没有把握的投资。巴菲特的投资都是通过实践、了解、分析得出结论，然后理性地出手。

在投资上，他时刻遵循的原则有三点：

第一，从事长期投资，注重价值投资，而非价格投资。把买股票不仅仅看作买股票涨停的本身，而是看一家公司是否做对生意。

第二，不买期权多的股票，例如高科技类的股票，价值有限，风险较大，等同于买彩票，几乎找不到是否真正有收益的依据。

第三，多买身边品牌的股票，特别是大家都有了解，普遍有消费的品牌。

巴菲特坚定着"股票的价格是围绕其公司的价值波动而波动"的中心论点而展开一切理性的投资活动。他认为，当一名投资者忽视了公司价值而进行投资的时候，往往会过度预估一家公司未来盈余，其后果是不堪设想的。

前面说过巴菲特在格雷厄姆·纽曼公司解体后自己投资创办了巴菲特合伙公司，该公司是巴菲特首次创办属于自己的公司，但只存在了十年。

1968 的时候巴菲特在美国股市碰到了第一个牛市，当时道·琼斯指数攀升到了 990 点，股票交易所有大量的买卖单据，让人喘不过气来。

市场的不理性让身处在市场情绪中的人们也失去了理性，即使是涨到出人意料的高价的股票依然有人持续购买，几乎所有人都如饿了几周被放到羊群里的狼，在一片大红的牛市中如饥似渴。但巴菲特始终保持理性，在令人狂热的势态下，他清楚地意识到，危机正在逼近。于是，在 1969 年 5 月，他毅然做出了一个决定，那就是解散巴菲特合伙公司。

听到这个消息，巴菲特合伙公司的股东们对此大为不满，义愤填膺地要求巴菲特给一个说法，巴菲特解释道，"我无法适应这种市场环境，我也不期待试图去参加一种我不理解的游戏。同时，我不希望拿着你们该得的权益投入到这样失去理智的未来中，且使自己像样的业绩遭遇到损害。"

事实证明，巴菲特的决定是明智的，在巴菲特的合伙公司解散后不久，股票交易所的股票平均价格都下降了一半以上，而巴菲特合伙公司因为及时退出，没有折损一分钱。

说到这里，或许你会觉得巴菲特生来就展现了他投资方面的天赋，对市场分析能力强，对其变动性也十分敏感，究其根源，还是天生智商高。

殊不知，在理性、智商与成功的辩证关系中，有了高智商，与非常理性的处事方式必然会获得成功。可是，如果只有高智商，做事时却过于盲目，不理性，就一定很难成功。

想必从事证券行业的人都了解长期资金管理基金的历史，最波澜壮阔的发展莫过于显赫一时的所罗门兄弟公司。

当时，麦瑞威瑟、罗森菲尔德、霍金斯等十四个在金融界大名鼎鼎的人物，再加上迈伦·斯科尔斯和罗伯特·默顿这两个诺贝尔经济学奖的获得者，组成的是一个史无前例的超级高智商团队。他们各自都在业内有着强大的金融关系网，其叠加起来的资产高达亿元之上，经验就更是有 350 年到 400 年。

如此强大的阵容汇聚一堂，相信你也会认为其所创造的财富非盆满钵满可以形容，但结果却恰恰相反，他们破产了。

巴菲特都觉得这件事情的发生实在出人意料，他曾在一次大学的毕业演讲上提到过此事。他认为，这16个有着超级智商、超级资金加超级经验的人之所以会有这样低级的结局，最重要的一点是，在长期资金管理基金的运作中，他们信奉股票的数据分析，认定股票的历史数据就揭示了股票的风险，他们可以利用这些数据来找到市场的固定规律而胜出。

真是聪明反被聪明误，假若一些数据可以让你对市场的固定规律有迹可循，那大部分数据分析者都该发财了。巴菲特也因此戏言，如果要将此事写成一本书，就应当叫做"为什么聪明人净干蠢事"。

在评价这些自己十分尊重的人时，巴菲特并不是有意拿他们的实例做反面教材，而是要告诉年轻人，凡事都应当理性，过于盲目自大只会让你看不清楚现实，而用游戏的态度，拿着自己的资本去冒险。

可见，高智商遇见非理性也多为悲剧。其中的弱点在于，当你对一件事情知道得过多的时候，就会迷糊得看不到重点。于是，对于自己的决策也会过高或过低的评估，以致失败。

正如美国著名的律师亨利·古特曼说过的，"破产的多是两类人：一是一窍不通者；二是学富五车者。"

在成功的路上，超高的智商在成功的道路上战不过超强的理性。所以，年轻人，请不要抱怨你不是与生俱来的某类具有高智商的人才，在为人处世时能把持理性最为重要。

综观各行各业，并没有规定智商的需求底线，而且几乎各类佼佼者也都是非智商至高的理性者。比如美国总统布什，他就经常被人嘲笑智商低。美国宾州罗文斯坦学院的一项研究表明，他的智商是91。老布什只比他略高，为98。而根据英国和芬兰科学家做的一项统计表明中国人的平均智商都有105，也就是说，大半数的中国人都比布什的智商高，但没有几个有他那样傲人的政绩。

在理性与智商的这场较量之中，如果把智商比喻为发动机的马力，那么理性就是决定发动机工作效率的输出功率。而像理性这种后天品性的培养，主要是依靠我们在处理生活、工作和人际交流等事物时，养成冷静，且有理有据的逻辑思维的决断习惯，避免毫无逻辑，杂乱无杂的行为。只有这样才能像巴菲特那样，将有限的时间投入于最有效的工作之中去。

说明一件事要尽量精简

古人云："一言可以兴邦，一言可以误国。"大至安邦治国，小至家庭和睦都与说话是分不开的。

这个世界上除了哑巴，都无法避免用"说"这个工具来表述一件事情。可怎么样才能算得上是一个会说话的人呢？口若悬河，滔滔不绝，庄谐杂出，旁征博引，固然是好口才。然而，语言学家王力说："泼妇骂街往往口若悬河；走江湖卖膏药的人，更能口若悬河，然而我们并不承认他们就等于会说话。"

在飞速发展的今天，速度就是成功的观点已是心照不宣。万事都讲究一个效率，做事的效率就是准确而且快速，放到讲话的效率这方面，就是精练而简短。而在这个奉行"金子要站出来展现光芒才会让他人看到光彩"的时代，语言表达能力因为拥有了"表现力"这一显著特点，所以对于年轻人在职场上的发展来说就显得尤其重要。

仔细观察任何一个公司的高层领导你就会发现，他们说话都是非常精简的，常常用"就这样""可以""行""没必要"对待他人的意见或是做出相关决定。

惜字如金仿佛是成功人士的共性，巴菲特也不例外。对于他认同的事情，他就会说，"对，应该。"对于他不赞同的事情，他会回答说，"我们不需要做那种事情。"巴菲特喜欢把复杂的事情用很简单的话语来表达。比如，当有人要他形容自己的工作时，他只用了四个字："分派资金。"详细一点的解释就是，"我的工作是与什么人一起，以什么样的价格，投资什么样的企业"。更多的解释在巴菲特的口中仿佛累赘，而客观事实总会给倾听者一个交代。

巴菲特是股市的传奇，很多人花了半辈子的时间想方设法从他的身上寻找成功的投资方法，希望有朝一日自己也能成为亿万富翁。

对于成功的秘诀，巴菲特也从不掩盖。可是，他的"简单投资"理论只用了一句话来说明，"投资要做的就是在恰当的时机买进好的股票，然后只要公司运行良好就一直持有它们。"

通向世界首富之路的方法在表达之上就是如此精简，对此，巴菲特最好的伙伴查理·芒格说："如果你相信巴菲特所说的一切，你就可以在几个星期以内学会全部的证券投资的课程。"

常听人说，巧舌如簧的人能够用一根头发牵动一头大象。我觉得这用来形容巴菲特在投资领域的发言并不夸张，也由此可见，能把话说好，说得精炼在我们平日的日常生活与工作之中是多么重要。

《梦想职达》里曾有一位女士，她是典型的白领女性。出场时气质甚佳，在座的考官们纷纷点头看好，可到了"五分钟展现自我"的阶段，她的缺点就暴露无遗。

她本想寻求的是总裁秘书的职位，对自己的英语特别有信心，且有着三年在"世界五百强公司"担任总裁秘书职位的经验，实际上是很有优势的。可她在自我展现以及企业提问回答的环节之中，花了很多时间冗长地陈述她在大学时创办英语培训班的艰辛与不易，甚至在主持人向她提出相关的问题时，她都答非所问，使人看不出她求职目标的重点。于是，在座的所有企业高管以及职场分析师都开始搓手顿脚，打断了她的话语，并极力否决了她的语言表达能力。

也许在你看来这样不公平，自身本具有实力，却由于表达能力不强，表现能力不够就被一票否决，是否过于片面？其实不然，一方面，口头语言表达能力是一种将自己的思想、观点、意见、建议，运用最生动、最有效的表达方式传递给听者，对听者产生最理想的影响效果的能力。较之其他表达方式而言，口头语言表达起着更直接的、更广泛的交际作用。它以人的综合能力为支撑，也是人与人之间相处中对于能力评判的首个衡量点。

另一方面，在职场上最讲究效率，一件事情的处理和表达要求都是越简单越好。当你大费周章来做口头表达时，不仅不利于准确表达，更浪费了倾听者的时间。要知道，任何领导都没有时间与耐心去听你说废话，时间就是他们的工作效率，一分一秒的拖延对于他们来说的损失都可能不是能以"百万"来计算的。所以，当你的口头表达不清晰，不能达到一针见血的效果时，在领导人看来自难当重任，彼时，你再有多强的书面表达能力或多大的处事能力都已徒劳。

所谓言多必失，在必须要言语的情况下少言才是最明智的选择。所以，年轻人在平日里要有意地去培养自己能够拥有准确而简短地叙述一件复杂的事情的长处。在公共场合敢说的情况下，依然做到简明扼要，形成独有的语言气场，才能离领导者风范更近。

简单的方法更直接

巴菲特是一个崇尚简单的人。在传授炒股的经验时，他不止一次提到，自己最看重的是所持有股票的公司的价值，而被问及其对于被收购的公司有什么要求，是如何对欲收购的公司进行审核时，他的回答是："对于我看好的公司，我不会花费太多的时间去调查它的历史与背景，我喜欢公司运营简单明了的公司。当你不得不对一个公司进行太多的调查时，那就意味着这一个公司肯定存在问题。"

1986 年，巴菲特以伯克希尔·哈撒韦公司首席总裁的身份在报纸上发布了一则关于寻找有意出售公司的广告，开始的内容如下：

如果您有意将自己的公司出售，我们将不会雇佣任何人来完成收购，我们不需要和顾问、投资银行、商业银行等讨论贵公司。您只需要和我以及伯克希尔·哈撒韦公司的副主席查理·芒格打交道即可。

巴菲特的投资方法总显得非常简单，他认为在投资的时候完全没有必要运用那些复杂深奥的微积分来对股市进行数量分析，只要懂得一点儿的代数运算，能够将一家公司发行在外的股数相除得出该公司的剩余价值就已经足够了。

他并非"数学无用论"者，事实上，巴菲特在很小的时候就显示出了在数学方面的天赋，他之所以赞同投资用不着过多的复杂数学运算，是他在使用各种运算之后，在实践之中得出的结论。

巴菲特在投资中如此，正从事各行各业的年轻人在办事的时候，也当如此。在现实生活中，很多人往往容易忽视简单的事物，认为只有用复杂的方法，全方位的分析所得出的结论才会是正确的。殊不知，简单是一种境界，有很多时候恰恰是简单让我们悟出了感受到自身的价值，迸发出许多睿智的见解。

某地质考察大队在一个大山中发现了一个十分罕见的山洞。从外面看洞内，地形非常曲折。当时，地质考察大队的人到洞内勘察，发现洞内有深潭，有峭壁，非常奇险，花费了近半个月竟都没有探到它的尽头。不久之后，此事不胫而走，得出这样的结论，更是引起了无数人探险者的好奇。可疑惑不但没有解开，还留下了一大堆悬疑，喊出了"死亡谷"的称号。

渐渐的，没有人再去探究，直至有一天一个从未探过险，也不懂任何地质学的农民深入"死亡谷"，找到了洞的尽头，并安全返回，又使得风波再起。

当许多新闻媒体前来采访，试图让农民说出探洞的秘诀时，他却出人意料地只说了一个显得笨拙但非常简单的办法："我只是找了一根长而结实的绳子，把它的一头牢牢地拴在裤带上，另一头拴在洞口一棵树干上，然后带上些自制的食物，不慌不忙地探寻。返回时顺着这根绳子，很快就走了出来。"

听到答案，探险者们都恍然大悟，多么简单的办法啊！他们经历了这么多探险，经过了这么多勘察，懂得分析各类险境，也知道运用各种高科技的工具，可到头来不如一个想法简单的外行者。

现在做事情，很多人都歌颂"技巧"，万事都寻找一个"诀窍"，却不知道有时候简单的方法才是最直接最有效的。

巴菲特曾投资于斯图德贝壳公司，这是一个生产STP，也就是某种非常成功的汽油添加剂的公司。在这次投资操作中，巴菲特无法通过其他渠道去了解该公司生产成本等关于其价值的信息。

通过了解，巴菲特知道该公司所生产的汽油添加剂的原材料来自美国联碳公司，也知道生产一罐STP要用掉多少原材料。于是，巴菲特花了大半个月时间在堪萨斯城铁路调车场（美国联碳公司油罐车输出路过之地）数过往的油桶车的数量。当发现油罐车数量大幅度上升的时候，巴菲特立即购买了斯图德贝壳公司的股票。之后，该公司股票从18美元一直涨到了30美元。

都说，智慧的人把复杂的事做简单，愚蠢的人把简单的事弄复杂。巴菲特就是那个喜欢把复杂的事情简单化的人。

想必在生活之中的你，也会碰到各种棘手的事情。上级要你做报告，你在查阅大量信息后，觉得每条都很有用，无法取舍。工作有一年之久，平淡无奇，你想要知道领导对你的看法，了解自己是否有上升空间，可当你试图通过领导的各个眼神或是肢体动作、话语来揣摩，希望得到答案，却更加疑惑。听说好朋友遇到困难，可并没有找你帮忙，热衷于两肋插刀的你，一方面难过朋友不把自己当家人，一方面担心朋友的境况，可碍于脸面，只好很不爽地选择视而不见。爱人莫名其妙地生气，或是清楚自己做错了某事，但看着爱人爱理不理的模样，道歉的话语到了嘴边又咽了回去，依旧选择冷战，可心里很不是滋味……

生活琐碎，事情总显繁多让人忧，更多时候是一波未平一波又起，诸多事就如充斥的乱麻，越理越乱。这个时候，"保持简单"是最好的原则。把各个事情都分别开来，然后一件件处理。

上级需要的东西，一定要精简，在大量信息之中取得你认为最重要的，当主意不定的时候可向前辈指教。报告成文，要适当列出重点，让上级一目了然；想知道领导对你的看法时，可以找到合适的机会直接询问上级，问一问自己的工作是否有不得当之处，需要改进的在哪里等。因为一个人永远无法猜透另一个人的心思，何况你要了解的是自己是否有上升空间，这是一种有上进心的表现，当领导得知一个员工能这么有自省之心时定会对你印象深刻。至于朋友或爱人的矛盾就更容易解决了。彼此间有感情，坦诚相待更容易得到珍惜。朋友有困难了，即便没有想到找你帮忙也可主动打电话过去安慰，并说出自己的疑惑，让对方知道你的关心。与恋人吵架了，一个拥抱，一句"很抱歉"或是"我在乎你"就能结束让双方都难受的冷战。先低头又如何，对方可是交付一辈子给你的人呐！

让生活简单起来吧，简单的办法才能让事情更简单，而简单才是生活快乐之本。

观察对手的状态

竞争无处不在，物竞天择，适者生存。

我曾经看过一个有关长颈鹿的动物纪录片。有一群准备吃树叶的长颈鹿，开始时，每只长颈鹿都能吃到树叶。可是后来，较矮的树叶被吃完了。这时，那些脖子比较长的长颈鹿就因能吃到树叶而活下来了，而脖子稍短的长颈鹿就只有饿死了。

弱肉强食，适者生存。动物界尚如此，人类的相处就更不用说了。现实生活中，职场就等同于没有硝烟的战场。你不仅要保持自己的优势，还要学会不断观察他人的动态，有谋略的人往往是通过深入了解对手的情况而制定行之有效的计划。

三国时周瑜因兵力薄弱，为了打胜仗，将船只装饰成花船大摇大摆到曹操的营地晃了一圈，了解到曹兵的布局及人数，回到营地准备一番，主动发起进攻，结果大败曹军。

成功人士总是如此，能根据自己的实力找到最具竞争力的对手，然后通过观察对手的状态来不断改善自己的情况，从而胜出。

现在只要上网的人都知道腾讯QQ、腾讯游戏、腾讯音乐、腾讯视频等，只要互联网中所需要的工具腾讯都有。大家都在用腾讯，现在许多人都养成了一打开电脑就登录QQ的习惯，一整天不打开聊天窗口就会觉得少了点什么。可是，也有很多人骂腾讯，只因为腾讯太会将其他电子商务平台的新工具搬到自己的界面上来。

当"人人网"最红火的时候腾讯开通了校友；当博客盛行的时候，腾讯运用空间转化达到了博客的效果；当玩农场，"偷菜"的游戏时髦之时，腾讯马上开通了小游戏中的相应项目；当新浪微博兴起，腾讯也毫不退缩；当淘宝网购兴起，"腾讯拍拍"随之而来；接着的还有跟随暴风影音的腾讯视频，接踵酷狗的腾讯音乐……

于是，在2010的时候，最新一期的计算机世界的封面报道是关于腾讯的，并且起了个极具轰动效应的名字《"狗日的"腾讯》。其中就说到了腾讯是中小互联网企业的"创新天敌"，"互联网创新者的杀手"……

可是，仔细想想就会明白，腾讯到底扼杀了一些什么"创新"呢？虽然它确实抢了许多人的饭碗，可那不过是大山寨击垮了小山寨罢了。真正有实力的，比如"人人"、"暴风影音"、"新浪"、"酷狗"在电子商务平台上的地位依然不倒。

腾讯只不过是运用不断观察对手的状态来改进自己，何况它所创新的专利申请比之谷歌、雅虎并不会逊色。腾讯根据互联网客户的利用点击率，将站在这一平台上的对手们可以吸取的东西移植到自己的平台上来，以此增加自己平台的利用力。

在这样的不断改进中，腾讯不仅在电子商务平台上十几年岿然不倒，更是压倒了更多纯山寨的企业，让生存下来的电子商务企业都能在这种竞争中不断进取，为我们提供了更加方便，好用的互联网工具。

所以说，如果你能在激烈的竞争之中找到对手的优势或是找到敌人的劣势，从而更好地改变自己，你就是胜利者。要知道，谁能做到像苹果教父乔布斯那样，无所顾忌地从消费者手中夺走了电脑键盘、Flash软件、DVD光驱和可拆卸的手机电池的金钱，让电子领域的对手们暴躁、狂怒和绝望，那将又是划分出一个时代的人杰。

知己知彼方能百战百胜。在职场上唯有洞察全局，才能运筹帷幄，决胜千里。

原惠普大中华区总裁孙振耀，对于工作方面感言，职场之争实际上是一场长久之战。每一个正常人大概要工作35年，这好比是一场马拉松比赛，和真正的马拉松比赛不同的是，这次比赛没有职业选手，每个人都只有一次机会。

这场比赛分为初赛、复赛和决赛。初赛的我们都是初生牛犊，或是满腹经纶，或是才疏学浅，但都没有实战经验，但只要肯学，苦学很快就能脱颖而出。于是，你成为了某个部门的经理。

进入复赛的你，说明有一定的实力，聪明才智上自然不亚于对手，可仅凭更多的认真与努力是不能很快就胜出的，你需要很强的坚忍精神，要懂得靠团队的力量，要懂得收服人心，要有长远的眼光，最重要的是能够不急不躁地看清自己，看懂对方。不温不火，才能慢慢耗尽对手的耐心和体力而最终留下来。于是，你成为某区域的一把手或是公司的二把手。

决赛来临，就没有更多方法了，高手汇集，输赢总在一霎。一分一秒中发生的某个细节就决定了成败。而破绽，就是通过观察所得出的。已经是半个成功者的决赛环节的人们，都在耐心地坐等对方犯错。谁表现出来的失误越少谁就赢了决赛。于是，你成为一个企业的引领者。

在这场通过比赛而蜕变为云天之巅者的过程中，懂得观察对手，善于利用对手的好坏来成就自我的重要性。打个最生活的比方，四个人坐在一起打麻将，假若你只是一味看着手里的牌，而不看桌面或猜测他人的出牌动向就一定是输得最多的。

年轻人不论是在学习还是在工作上都应当找到自己的对手，这其实就是给自己找一个优秀的参照物，不断给自己激励，吸取对手的优点，在对手的缺点之中反省自己的缺点，锻炼自己，充实自己，提升自己，才能更加优秀！

在这一点上，巴菲特给予的忠告也不少，虽然他的对手一般都不是投资界的同行，而是市场的通货膨胀，但道理是一样的。

他最为关注的就是市场上通货的情况。他通过对市场通货的敏感，坐看熊市或牛市。当牛市过旺，倾向崩盘的时候，他适时抛出手中的股票。当熊市来临，大家都处在恐慌之中，恨不得马上离开股市这个投资市场时，他锁定自己看好的企业，并在最廉价的时候买入这些高出价格的价值股票。

巴菲特并没有固定的人作为对手，但他也在不断观察着"通货状态"这位对手的情况，然后在情报中游刃有余。

关注经济同时关注政治

前面我们说到了巴菲特在投资中最主要的对手是"通货膨胀"或"通货紧缩",而要了解通货的状态,就需要知道大量的信息,所以平时巴菲特在潜心研究该类股票持有企业的价值时,做得最多,对他来说也是最重要的事情就是阅读。

在他的书桌上常见的报纸有《华尔街日报》、《价值线》、《穆迪氏指数》等经济类报纸,也有《财富》、《福布斯》、《商业周报》、《幸福》等传统杂志。当然,还有他最重视的企业财务报表。

虽然巴菲特曾经说过,如果微积分是投资必需的计算工具,那么他就只能回去派送报纸了。可是,他非常重视会计知识。财务报表是一个企业与外界交流的最完美的语言,它能反映该公司在一定阶段的损益、利润等信息,汇合之后就可以判断出其经济增长的原动力。一个投资人只有能独立分析公司的财务报表,才能选择最为正确的投资目标。

巴菲特也是通过这种阅读,直接了解欲投资的公司,从而做出最明智的决断。

当然,巴菲特关注经济也并不片面。他经常是找到自己感兴趣的公司时,然后集中关注相关的经济信息,再提取最有用的一部分,来确定自己的决断。比如巴菲特在最开始对 GIS 感兴趣的时候,他会终日泡在图书馆里,通过阅读保险业服务评级找到业内最好的几家公司,同时关注多个公司,再找出与此相连的经济信息来确定自己要投资哪家公司。

一天二十四小时，除去睡觉的时间，巴菲特几乎都不离开相关的阅读，他更是将阅读当做一种乐趣。

某天晚上，巴菲特与妻子苏珊被受邀一起去朋友家吃饭，饭后，朋友建议看一组金字塔的精彩照片，说着就架起了幻灯机。巴菲特却说，"我有个更好的主意，你们给苏珊放照片，我去你们的卧室读一份年报怎么样？"

巴菲特时时刻刻用这种简单的方式，数十年如一日地积累利于投资的信息，最终把投资做成了融于生活的一种艺术。

他不仅关注经济，也关注政治。因为巴菲特投资的不仅仅是国内的公司，也投身于海外市场。一个国家内的企业经济发展是否稳定是由一个国家的政治稳定决定的，所以，从事金融的巴菲特从没有减少过对政治的关注。

在一次记者招待会，巴菲特与芒格一同参与，当被问及他们是如何看待中美竞争的局面，以及中国的发展会对美国和西方社会的民主价值体系产生什么影响的时候，巴菲特是这样回答的：

"在中美关系上，我认为这两个国家的发展并不矛盾，不是说中国富有了，美国就会贫穷起来。很多人对中国的发展提出质疑，像前几年中海油收购优尼科时，几百名国会议员投票谴责那项收购，我认为那都是十分疯狂的举动。

"美国每年都会从中国进口很多的产品，把许多美元都送到中国，却不愿意中国人再拿这些美元到美国投资，这显得很不公平。不能将中国当成国家经济问题的根源，这实在是一个借口。

"我想，中美关系有可能会紧张起来，这是很多人都不愿意看到的。许多人更是利用这种政治价值来操作，促进双方关系的激烈，做法简直太愚蠢了。"

而年轻的我们，不论是从事什么职业关注经济都无可厚非，因为赚钱是工作必然附带的一个物质目的。但同时也应当多关注政治。因为经济与政治相辅相成，稳定的政治环境才能促进经济的稳定发展，而良好的经济发展是政治稳定的基础，两者同成同败，互相作用。

这就要求在平时生活里，我们要养成看新闻，看报纸的习惯。

一方面，多看新闻，了解国内外的各种动态，有利于增长你的见识。平时在与朋友聊天的时候找到更多的话题，拓宽你的人际交往广度。必要时，发表一下意见，让旁人刮目相看，更可以大大增加自己的信心。

另一方面，可以通过关注经济与政治来了解你所在的行业发展前景，更好地做好职业规划。如果你正在自我创业阶段，更是可以在经济动态中联系政治，了解国家的意向以及新的法规条令，从中分析形势走向，获取更大的商机。

第三章

人生不能投机，以投资的态度过好每一天

人这辈子，不能带着撞运气的投机心理，生活不是赌博，它就像一次投资，要深入研究，仔细考虑，最重要的是放长线。所以，人生中的每一天都不能松懈，带着积极的情绪工作和生活，不断学习进步，你付出多少，它自然就给回报你多少。巴菲特一生都在从事投资事业，他所经营着的人生，也就像他买的每一只股票，都是有所付出才有所收获的，并不是随意下注，只凭着好运被浪托高。

快快乐乐去上班

不知你有没有发现，在职场生活中，有一部分人是过着一年如一日的生活，他们除了做好上级交代的事情，就是聊天或是游戏，没有其他特别的爱好。几年、十几年过去还是老样子，不特别开心也不特别不开心，对什么也显得没有兴趣。当你问他们为什么要这样，他们就会说，工作不就是这个样子吗？

还有一部分人就是每天都处于亢奋状态，哼着歌，打着节拍，工作服也可以穿出不同的味道，甚至可以将每天一样的工作做出另类的新意。公司谁的电脑坏了，哪里的打印机用不了他都会抱着那颗永远不满足的好奇心主动出现，久了之后，捣鼓一阵竟真的好了。平时也是活跃一族，时不时来个冷笑话，空下来又是微博又是微信，将生活渲染得多姿多彩。周末就更不用说了，跳舞、运动、摄影、旅游……应有尽有。最让人疑惑的是他不论何时都保持着精力旺盛的状态。人们都会不禁感叹，"你真是太牛了！"

上述两者是工作中完全不同的两种工作状态，而前者大多数沦落为了平庸者，而后者却都迈入成功者的行列。

2006 年的时候，巴菲特首次访问了他所收购的以色列的伊斯卡尔金属加工厂。在谈到工作的时候，虽然已是满头银发的"股神"依然神采奕奕，他说，"每天早晨我都是跳着下床，跳着踢踏舞去工作，我正在享受美好的时光，我生活中的一切都金不换。"

而与巴菲特同在福布斯富豪排行榜上名列前茅的比尔·盖茨也说过，"每天早晨醒来，一想到所从事的工作和所开发的技术将会给人类生活带来的巨大影响和变化，我就会无比兴奋和激动。"

巴菲特和比尔·盖茨曾共同出席了一次在哥伦比亚大学的访谈。访谈中，当主持人问他们能给那些懵懵懂懂，在职场中还不成熟的年轻人什么建议时，两个人异口同声地强调了一定要找一个自己很有激情，然后能在工作中保持积极心态，让自己开心快乐的工作。

特别是巴菲特在说起自己年轻时跟着导师本·格雷厄姆工作时，完全不知道自己的薪水是多少，但他非常愿意工作。他说只要一想到当自己晚上回家的时候就会比早上更聪明时就对一天充满期待。

很多不了解巴菲特的人会认为巴菲特是一个很喜欢钱的人，但实际上他只是非常享受赚钱的过程。古稀之年，他依然保持每天工作，他说这是这个世界上他最想做的事情。并告诫年轻人，如果在生命的早期中能够以工作为乐趣，你就在生活中获得的乐趣会越多，而你所获得的成就也会越多。

也许，你会觉得自己所从事的行业性质本就是一成不变的，或是你最开始对自己所从事的行业还感兴趣，但时间久了就失去兴趣了，想要有像巴菲特这样的工作激情与积极心态是很难的。

其实不然，无论是从事什么工作，时间久了都会觉得所要做的事情是那么单一，但工作这种行为本就是在单一之中造就不单一，在枯燥之中找到乐趣。既然选择了手中的工作，就应该以积极的心态过好每一天。

有句话说得很好，快乐也是一天，不快乐也是一天，那为什么不每天都快快乐乐地过呢？每天上班也应该这样的。

在心理学上有个词叫做"相由心生"，意思就是每个人的面相都反映着其相对应的身体和心理的状态。比如一个心态积极，非常有激情，开心快乐的人，通常在相学中都天庭饱满、红光满面、神采奕奕。相反，一个心态消极，成天不知自己在干什么，对于生活中的任何事情都没有兴趣的人通常愁云密布、眉头紧锁。

试想，领导是愿意提拔一个显得非常阴郁的人，还是选择一个非常有激情，做事的时候有干劲的人呢？

但是，如何才能让自己有一个快快乐乐的心态去工作呢？

首先，是要避免模式化的生活。职业心理培训师发现一成不变的工作内容和千篇一律的工作餐都会导致味同嚼蜡的生活。

因而，在平时工作时我们可适当添加新意，像更改工作内容的顺序，或是在办公桌上摆放植物等。两个小时就应当起身，利用泡咖啡的时间走一走。中午午休时更是可以换一个工作环境，到附近的风味小吃、拉面店等换换口味，多与同事或朋友交谈聚会。

其次，积极的心态是需要释放的。想必你也会为工作中的加班、返工而烦恼，压力就会迎面而来，彼时学会释放压力就显得尤为重要了。建议每一周都花费一天的时间，以各种方式清空自己的身心，这样才能更好地开展下一周的工作。当然，如果抽不出一天的时间，两个小时也是可以的，睡前听听音乐，或是在某个早上、傍晚跑步、打篮球都是非常有益的减压方式。

同时，心态也会传染。平时要多与心态积极的人在一起，因为人与人之间的情绪是可以传递的，千万不要和成日郁郁不欢的人相处，那只会让自己也变得郁郁不欢。

最后，在工作时要多思考，一件事情尽量多想出几个方案，这样不仅可以活跃你的思维，提升你的工作能力，更是可以大大增加你在职场上被提升的几率。

这样，你就能在工作中形成良好的心态。然后将这种良好心态的状态放在积极的事情上去，做好每一件事情，而不是过多计较这件事情会给你带来多少报酬。

每个人身上都有两个自我：一个积极的自我，一个消极的自我。

消极的自我会带你走入一个黑暗的谷底，让苦恼与不幸困扰着你。而积极的自我会让你获得快乐、幸福、健康长寿，还有财富。

所以，我们要时刻保持积极的自我，开开心心地全身心投入到工作之中去。让工作变为乐趣，你就发现生活是如此完美。

及时修补知识漏洞

不知你有没有过这种经历，在你读书的时候听到"知识就是力量"之类的话会嗤之以鼻。可是当你走入社会，需要知识的时候才感叹"书到用时方恨少"，责怪自己为什么当初不努力点多学点，多积累一点儿知识呢？

的确，没有谁能忽视对知识的积累，也没有哪个成功的人不重视积累知识，及时修补知识的力量。

一代领袖毛主席就是一个终生学习的人，无论是在戎马倥偬的战争年代，还是新中国成立后的建设时期，他的床总有一半是用来摆放书籍的，他就是在这样孜孜不倦地学习，不断提升自己的能力之中做出各种明智的决断，引领中国人民向前。他常说，"饭可以少吃，觉可以少睡，书不可以不读；读书治学，一是要珍惜时间，二是要勤奋刻苦，除此以外，没有什么窍门和捷径。"

特别是在这个"铁饭碗"已消失的竞争年代，只有通过学习，学习，再学习才能使自己的能力扩张。正所谓：吾生也有涯，而知也无涯。中国的文化传承下来本就不能在短时间学完，而时下随着通讯设备的发达，信息时代的到来，知识的更新正以我们不可预料的速度进行着。人生短短几十载，全部用来学习的时间都显得不够用，哪来时间去停歇学习呢？

年轻人要应对千变万化的世界，就必须树立时刻学习的信念，在学习中学习，在工作中学习，在错误中学习。

比尔·盖茨也说过：在 21 世纪，人们比的不是学习，而是学习的速度。人一定要给自己充电，不要让自己的知识能量随着漏洞的出现而扩大，最后随着时间的流逝变成偌大的黑洞，最终变成一个失去能量的人。

要知道，人类已经进入了信息技术高度发达的知识经济时代，知识才是经济的产量。唯有把终生学习、随时补漏知识的态度踏踏实实贯穿于生活各处，才能适应未来社会的发展要求。

当然，修补知识漏洞不仅仅是指重拾课本，更是指从实践错误中吸取教训。

巴菲特也一直以这种方式来提升自己的能力。早期迷上股票的时候，巴菲特也是一个菜鸟。最开始的时候他在父亲霍德华的经纪行帮忙，学习往黑板上抄价格。他竭尽所能地去收集资料，阅读相关的分析技术资料，打听小道消息，并且尝试破译股票的价格走势。

虽然同大部分股民相比，巴菲特所掌握的知识已经算多了，相对于同龄人来说，他知道自己喜欢投资，并一直在为此努力，起步早很多。可是，他在投资上的收益并不可观。

20岁进入哥伦比亚大学，巴菲特已然是一个在投资方面犯了许多错误的老手，当听到了格雷厄姆的证券课程，他才明白自己在投资理念上存在很大错误。于是，他潜心学习，抛弃了之前尝试过的各种失败的投资方法，以"价值投资"为宗旨，不断地积累知识，修补之前的学习漏洞。6年的时间，他结合格雷厄姆的教程，通过自己的领悟，在证券投资领域获得了理论上非凡的成绩，由此，也确定了自己的投资系统。

满怀信心的巴菲特在毕业之后就运用所学投身于买卖股票的实践中去。他牢记着格雷厄姆的在投资上"安全性"与"收益性"的投资公式，根据导师所说一定要买入股价很低的价值公司，才会有所收益。因此，很长一段时间里，巴菲特都集中精力去寻找廉价的股票，然后再估算该公司的价格。可是，他发现理想很丰满，现实却很骨感，虽然较之最初的投资效果有所改善，但成就依然不大。

后来，他继续学习阅读行业内的知识，当他读了菲利普·费雪的《怎样选择成长股》，深深地被其"在永不亏损的前提下财富迅速累积"的投资理念所折服，便去找费雪请教。他发现这一点与格雷厄姆的投资理论是最不一样的地方，也是导师在投资上的缺陷。

巴菲特从费雪那里知道了"并非雪茄烟蒂才值得捡拾"，应当先一视同仁地看待股票，先不论价格，然后评估持有股票的公司。

后来，巴菲特在反思前 25 年的投资历程时说：以合理的价格买下一家好公司要比用便宜的价格买下一家普通的公司好得多。这个迟来的结论让巴菲特的投资业绩有了质的飞跃。

时日至今，巴菲特也没有停止学习，他总能在各种错误之中寻找自己的知识漏洞，然后弥补。最终，他的知识网十分扎实，没有任何漏洞，成就了"股神"的传奇人生。

这个世界没有一劳永逸的知识。我们不能知足，知足就会裹足不前而落后，就有可能被时代所淘汰。

而要做到能找出自己的知识漏洞，就要求我们在做任何事情的时候要多问几个为什么。为什么过去这么久了自己的工作都没有显著成效？为什么自己的目标总要拖延很久才能实现？为什么他人的办法比自己的办法好？为什么会出现这样的错误？

如此，第一时间发现问题，不懂就问，然后弥补自己的不足，才能真正实现自我完善、自我超越。

糟糕的事不必一直纠结

一千多年前，宋代诗人方岳习惯地运用典故成语组织为新巧对偶，仰头长叹一句，"人生不如意事常八九，可与语人无二三"，时日至今都代表了不少人对于生活的感叹。

工作三四年，你由最开始的实习期月薪一千多干到现在的四五千，有了几万元的积蓄，想着终于可以买辆车或付个房子的首付。一大早打开新闻，油价又涨了，本就高得出奇的房价继续飙升。糟糕了，眼下这点钱不知何年何月才能买到一个房子的厕所，车子更是买得起也养不起了，为什么要生在这个时代呢？真倒霉，你不断地自语；

大学的时候恋爱，幸运熬过来毕业失业又失恋的时期，两人共同扶持了一千多个日日夜夜，突然被告知要分手了，只因为对方碰到了不管是在情感上还是在物质上都能满足其的爱情。现在的人在生活压力的驱使之下都变得这么现实，连最纯粹的感情都被打碎了，为什么这么痛苦的事情会发生在我的身上呢？你哀愁，沉浸在失去的恋情中悲伤不已，甚至憎恨对方的冷酷无情。

事业有了定向，一切都按照你的规划进行着，某一天身边的朋友都开始炒股或者通过其他方式投资，你觉得理财确实重要，让钱生钱才是硬道理。于是，你拿出仅有的存款，在多番探究之下，买定了同事们都看好的股票，可你刚买不满一星期该股票就大跌，而在等待奇迹的过程之中你的钱都被套牢。辛苦换来的血汗钱就这样没有了，为什么别人投资就可以赚钱，而我投资就亏损呢？你懊悔，责怪自己的冲动，并表示自己再也不投资了。

诸如此类的倒霉事，在生活之中比比皆是。没有谁会足够幸运到一生都不遇到任何不顺心的事儿。即使是在投资领域被传得神乎其神的股神巴菲特也会有在投资上失手的时候。

2008 年可以说是巴菲特掌管伯克希尔以来最为糟糕的一年。年报显示，该公司的净利润比前一年下降了 62%，净资产由 2007 年的 132.1 亿美元降至 49.9 亿美元。

在每年必有一封的《致股东的信》的发表上，巴菲特明确指出该年的投资中做了一些"愚蠢"的事情。

首件"蠢事"就是在持有美国第三大石油公司——康菲石油公司的1750 万股股票的时候，继续大量增持到了 8490 万股。过高评估了能源的发展潜力，完全没有想到能源价格会急剧下降。然后，是所投资的两家爱尔兰的银行，当时认为很便宜，值得买入，可是年初的时候这两家的市面值就持续下跌，账面亏损近 90%。最后，伯克希尔本就持有的美国运通与可口可乐的股份，在 2008 年也很受伤，分别损失了 50 亿美元与 30 亿美元不等。加起来，巴菲特在 2008 年的投资让伯克希尔损失高达数十亿美元。

这作为决断一向明智的巴菲特来说的确是十分糟糕的事情，可是他并没有一味沉浸在这种糟糕之中。2008 年的金融危机使得股市暴跌，巴菲特仍然没有停止自己的投资工作，很快就将失利抛之脑后，在熊市之时寻找商机。经过仔细分析研究，他乘机注资了高盛和通用电气等公司，为这黑色的一年中增添了不少光彩。

在对待生活中所发生的糟糕的事情，巴菲特的名言是，"如果发生了坏事情，请忽略这件事。结果已经生成了，想得再多也无法补救，只能吃一堑长一智。"

的确，糟糕的事情就像一只惹人讨厌的苍蝇。当你身上有了污渍，却一味烦闷污渍的存在，为此心烦意乱，而忘记去洗它，苍蝇就会飞过来，使得你更加烦闷。你会情不自禁地为了驱走苍蝇而四处乱窜，最终错乱自己的脚步而错失更多的机会。

所以，当你遇到糟糕的事情时，唯一能做的就是忽略这件事情，并以最快的速度擦掉身上的污点，这样苍蝇才会走开，蝴蝶才会飞过来，让你成为别人眼中的风景。

台湾著名作家林清玄说过，"如意或不如意，并不是决定于人生的际遇，而是取决于思想的瞬间。"他有过一篇散文名叫《不思八九，常想一二》。人生不如意事常八九，那就常想八九之外的一二也就是常想那些快乐的事情，只有这样才能如意。

如果你老想着倒霉事，只会越来越烦。这在生活中有很多类似的事例。一个人在遇到不顺的事情，觉得自己很倒霉的时候，就会看什么都不顺眼，做什么都不顺手，更容易触发接下来的倒霉。你总想着幸运就会幸运，你总想着倒霉就会倒霉。所以，如果倒霉了，心态一定要放宽，才能转运。

你在为物价发愁的时候，大部分人都同你一样发愁，可是再想想那些还处于待岗状态、身无分文的人你已经是富有的一个了。何况，生活中的许多幸福感并非一定要建立在房子和车子的上面，幸福感是对于自我生活的一种满足，而不是被物质左右，否则，你永远也不会觉得自己幸运。

75

恋人离开代表你们的感情没有战胜时间的考验，他有了更适合自己的人，应当祝福。因为那是陪伴你走过很多艰辛的人，他走了是要告诉你真正会和你在一起的人要来了。所以，请随时保持微笑，你不知道那个爱你一辈子的人会在何时迷上你的微笑而找到你。

投资失败肯定是因为你的方式方法有问题，找到这些问题然后解决它，避免下一次投资错误。那些损失的财富就当是在投资上所交的学费，要相信，往后你还可以凭借你的双手创造更多的财富。

世界上没有生来的"幸运"，也没有长久的"幸运"，而要获得更多的幸运是要依靠自己的心态和作为的。

心理学家罗伯·特洛西斯说过："你想着自己是什么样的人，你就会成为什么样的人。"糟糕的人一直纠结于糟糕的事情，所以就会有一个糟糕的人生。那么，学会主动让糟糕走开吧，不必要去纠结那些糟糕的事，多想着幸运，你就会成为一个幸运的人。

没把握时要量力而行

巴菲特有一个很著名的行事原则，那就是"能力圈"，也就是在做任何一件事情之前，都得划分出自己的能力的圈子，然后根据所圈出的能力来做事，不熟的不做，不懂的也不做。这也是五十多年来他在投资领域无往不利的法宝：谨慎，谨慎再谨慎，量力而行，从不做没有把握的事情。

微软与英特尔现在已经是家喻户晓的网络公司。也许你也曾如我一般奇怪，为什么巴菲特不是其中的股东之一呢？巴菲特难道错过了这样的机会吗？

其实不然，1998年，网络公司的股票正受到股市的狂热追捧，买进相关股票的人数以万计。可是，在伯克希尔的股东大会上，当有人问及巴菲特是否考虑要投资于其中的某个公司时，他是这样回答的，"这也许很不幸，但我的答案的确是'不'。我很欣赏安迪·格鲁夫和比尔·盖茨，也相信他们在网络方面的能力，可是我不会投资英特尔或微软。因为，以我目前的能力范畴，无法预计几年后科技发展会是什么样子，分析科技公司，也许很多人都可以，但是我不行，这不是我的长处。所以，请原谅我的无法冒险。"所以，巴菲特没有投资微软，而比尔·盖茨也一直投资微软而非可口可乐。

试想，如若巴菲特投资微软，而比尔·盖茨投资可口可乐，那么，在这两个领域，还会出现两个百亿富翁吗？

每个人的能力都很有限，没有谁在各行各业都万能。就拿证券投资行业来说，对于各个公司持有的股票注资，也就是对于该公司的一种肯定。而你并非有机会接触每行每业，对其未来进行很好的评估。特别是现代企业的发展，都是因新型行业兴起，多依赖于技术的创新。相信没有谁会猜到不过约 30 年，电视已变成家中不可或缺的电器，而电脑更是变成了每个公司必不可少的办公工具。所以，在能力上，巴菲特主张向深度扩张，而非广度。

伯克希尔公司正是在巴菲特这种思想的主旨之下，在众多的投资事项中，辨析出属于自己能力范围，可以准确评估的行业公司进行入股，如此，将属于自己能力范围的事情越做越精，成就了几乎稳赚不赔的投资神话。

可见，巴菲特从来不会让自己的"能力圈"围着某些行业转，而是一切行事都以自己的"能力圈"为主，当某件事情不在其能力范围之内，遇到自己没有把握的事情，即使别人再三肯定投资有益，他都不会为之所动。

再看我们的周遭，总有那么一撮人从不会估量自己能力，纯粹地依靠投机生活。看到有许多人买股票赚钱就去炒股，别人买什么自己就买什么；看到别人去年养猪或是喂鱼赚钱，今年就大张旗鼓地开始租地，寻找资源，说干就干，也不调查市场是否已经饱和；看到有人投资房地产成为"暴发户"就不惜一切代价投入房地产，也不管自己的资金能力或是选房、评估房产的分析能力……

如此，从不顾及自己所长、自己所有，只是在各种没有把握之中随波逐流，一味地行使着依葫芦画瓢的把戏，失败当然会接踵而来。

大家知道登山是一个危险的事情。有一位登山者，攀登到了 7000 多米的地方，止步了。回家后，许多人问他，还差一点儿你就可以达到山顶了，为什么不继续坚持呢？登山者只是很诚实地回答，"我知道我的能力只到这里，再往上面走只怕有危险。"可每每人听到他这样的经历，就会替他遗憾，并鼓励他再次挑战。

长此以往，登山者决定继续攀登，他由最开始肯定自己的能力限度到怀疑自己的能力限度，于是，他再一次登上了自己曾攀登到 7000 多米的那座山。当再次走上 7000 多米近 8000 米的时候，暴风雪突然来袭，他被困在山顶，最后再也没有回来。

这实在很让人痛心。假如登山者一直肯定自己的能力界限，而不被他人的话语所怂恿，我想，他现在一定可以活得很好。每个人的能力都有极限，碰到你能力之外的事情，如果你还一如既往，等待不会是成功，反而是没有穷尽的苦痛。

老鹰是飞行动物中最生猛的动物，它在觅食的时候就是用它那双有力且锋利的爪子。

一次，看到一只小绵羊在山丘上吃草，老鹰为了增加冲击力从很高的岩石上向下冲，很顺利地抓到了绵羊。此时，穴鸟看到了，心想，自己一定比老鹰强，于是，模仿老鹰的动作，飞到了绵羊的身上，可是没有想到却被绵羊身上的毛缠住了双脚，拔不出来。

牧羊人看到，就把穴鸟的脚爪绑住，并拿回去给自己的孩子玩。

这个故事更是告诉我们，在做任何事情的时候不能不自量力。

年轻人在自己的人生路上，应当对自己有一个准确恰当的把握。在有把握的事情前勇敢下注，在没有把握的时候要量力而行。不保守，也不冒进。所谓"留得青山在，不怕没柴烧"，许多时候，蛮干不如巧干，干自己熟悉的，干自己会的，才能飞黄腾达。孤注一掷，只会薪材燃尽，根基全无，更大的成功就无从谈起了。

量力而行是成功路上的一把双刃剑，你在自己该做的、能做的事情上量力而行只会一事无成；可假若你在自己不该做、做不来的事情上量力而行，你就是那个不盲目的幸运者。

那么，如何才能做到"量力而行"呢？量力而行，顾名思义应先"量"才能"行"。所以在做到量力而行之前，我们首先要做的就是要确定自己的能力范围，划分出自己的能力界限。根据自己的兴趣、做事情的效率画好自己的能力圈，然后用"经历"与"思考"这两把锄头，不断地将能力圈挖深，你就能得到你最广阔的天空。

抽时间多读几本传记

前面我们说过，经验是成功的一大要素，而经历是经验的基础，经验是经历的升华。可人的精力只有那么多，并不是所有事情都有时间去经历，各方面的人才都有机会接触，这时候，在书中学习与思考他人经历就显得尤为重要。

很多伟人在还是青年时就钟情于阅读，并试图从各种文学传记中寻求自己的榜样，激励自己勇敢前进。

俗话说："书中自有黄金屋，书中自有颜如玉"。自古以来，千千万万的人通过读书学习改变了自己的穷苦现状。而在这些前辈们铺下的智慧之路上，传记的渲染力最为强大，因为传记可以将主角的成功经历展现出来以供借鉴。

毛泽东还在湖南长沙第一师范大学读书的时候，家境窘迫，没有钱买书，而校图书馆的书籍又有限，所以他总向同学借书。

一次，他从同学那里借到了《华盛顿传》，这本被誉为"要了解美国的过去，需要了解华盛顿；要读懂今天的美国，更需要读《华盛顿传》"的书籍，对毛泽东有非常重大的影响。

众所周知，华盛顿不仅领导北美人民赢得了独立，更创建了适合美国发展的国家体制。他是美国人心目中的开国功臣，有着永不落的功勋。毛泽东更是在阅读这本传记后，洋洋洒洒地写下几万字的感想，孕育着的是一个年轻人的梦想，更是让梦想成为现实的希望与动力。

除此之外，毛泽东也精读了《二十四史》，从各代的历史人物中学习为人处世，并有针对性地去阅读国家高级干部的人物传记，这也成为了他成就伟业的参考资料之一。

巴菲特也是一个非常喜欢阅读传记的人。他除了读格雷厄姆的《聪明的投资者》、《证券分析》，费雪的《怎样选择成长股》等由投资大师本身著作的书籍外，读得最多的就是《杰克·韦尔奇自传》。

杰克·韦尔奇被公认为21世纪世界第一的CEO，他带领着通用电气集团在20年的时间里创造了商界的奇迹。这本书是他倾注毕生心血的亲笔传记，在书中，他记下了个人在年轻时期的奋斗艰辛与欢乐，对于为人处世的感悟，更透露了他是如何开创了一种独特的管理模式——帮助庞大多元的商业帝国摆脱沉重体制的痼疾，走上灵活主动的。

该书出版多年，依然被誉为"CEO的圣经"，是梦想创业成功的人不可或缺的学习书籍。

巴菲特多遍阅读这本书，每次都深有感悟。他直言，如果想要学习如何管理好一个公司，只要阅读《杰克·韦尔奇自传》就够了。可见，抽空阅读传记对于有抱负的年轻人来说是非做不可的。偶像的激励作用不可忽视。

在这方面，我本人也有过类似经历，很是感慨。记得初入社会之时，我自觉已做好了彻底告别学校生活的准备，假期的磨砺让我认为自己一定可以适应社会生活，所以信心满满地找工作，交朋友。可经历了一次次失败的面试，遭遇了一次次交友不交心的失落，我激情澎湃的梦想之心跌入了谷底。

实习期即将转正之时，所在岗位的一个名额因有四个女生竞争，更是斗得腥风血雨。当被告知未成为正式员工的时候，我选择了将自己关在家里，不敢出门，逃避工作，成日沉浸在校园无忧的美好之中，就像一只沙漠里的鸵鸟，谁的劝解都不听。

直到有一天，舅舅给我送来了一本海伦·凯勒的《假如给我三天光明》。以前的我多偏向于阅读文学名著或是散文集，很少看传记。我被这个名字深深地吸引，感受到了无比的心酸与无奈。

海伦·凯勒的经历让我同情，她在 19 个月大时被疾病夺走了听觉与视觉。可她还能认真读书，认真用文字来记下自己的所感所知，她用自己由痛走到甜的亲身经历，给予人们无限正能量，找到了人生的意义。在如此黑暗之中，独自煎熬摸索出的光明之路，又如何不让人震撼？！

看看海伦，再想想自己，深感惭愧。我如此健康就是我继续为生存努力，捍卫自己梦想的资本，不如意之事又有什么可怕的呢？那天，走出阔别一月的大门，抬头看，我发现蓝天是如此明亮美好。时日至今，失意之时，我都习惯性地翻翻这本传记，然后记起当时的天空，就觉得实在没有什么可以畏惧了。

握着传记的力量，不知多少人成功地走到了今天，也不知多少人正从失落之中走过来。

奥地利著名作家斯蒂芬·茨威格说，"读伟人的传记吧，与勇敢的心灵做伴！"年轻人养成阅读传记的习惯，作者的感受、感悟可以让你学习他成功的心智模式，提升思维能力；作者的经历可以开阔你的视野，让你少走许多弯路；作者优美的文笔可以陶冶你的情操，修身养性；作者提到的各类方法更是可以做好职业规划，提升自身的专业素养……

81

总之，每一本传记都是前辈们在某领域行走之后的感悟精华，它比小说更加真实，比散文更加有实用性，不虚美，也不增恶。而且，人们可以通过阅读文中成功者的经历，学习他的优点，吸取他的教训，不断提高着自己的格调。

但是，对于传记的阅读我们也要有选择性，一定要选择那些非常真实，为作者亲笔叙述的书籍，才会更有帮助。再者，阅读传记后，我们可以从成功人士身上学习各种优点，改进自己的缺点，但千万不能模仿。因为没有谁的成功是可以复制的！这就要求，我们在阅读传记之后，将所学知识融会贯通到自己的客观条件中来。根据自己的现实所有，加上传记中的领悟，达到知行合一的境界，才能加大自己成功的几率。

选择错误就是最大的风险

在看这篇文章之前，先问大伙儿一个问题：

如果你现在有一份比上不足比下有余的稳定工作，但做的并不是你所喜欢的事情，也不是你想要的成功；或是你有一个几年的恋人，但你没有结婚的欲望，你会怎么做？是舍弃工作或感情，还是凑合着就这样过一辈子？

我问过很多人，大部分人的答案都是后者，这类人的生活态度是：既然能凑合就凑合，习惯就好，毕竟工作这么久，爱人跟了这么久，如果舍弃多可惜，之前的时间不是白白浪费了吗？所以，身边很多人每天都干着自己不愿意干的事儿，与自己不爱的人过日子，而抱怨生活不公，过得不成功的人也大多在这其中。

非凡者都是另外一类人，他们的生活态度是从不选择自己认为错误的东西，比如一份让自己失掉激情的工作，比如一个不甘愿白头偕老的爱人。因为成功的人把眼光都放在事物的未来价值上，而非沉没的过去价值之中。他们知道一件事情最大的风险不是风险本身，而是一开始就"压"错了地方。

而很多人为了怕损失已沉没的成本，不断地选择错误，最终损失更多！在心理学上被称为"正常的傻瓜"。

这些傻瓜明知自己走在错误的路上，但是害怕损失已花费的时间与精力，所以决定在这条路上一直走下去。殊不知，害怕损失的人才会损失更大，选择错误就是最大的风险！

巴菲特从不允许自己在错误的路上还一直往下走，当他意识到自己有一点儿错误的时候，他会马上离开那条路。

迪斯尼是由美国加州安纳罕市的一个主题乐园发源开的，如今享誉全球，拥有着全世界最受欢迎的吉祥物米老鼠与唐老鸭，该公司借着旗下的乐园、电影、音乐、书籍、专卖店与运动等，以及其它类似迪斯尼互动公司和迪斯尼观光邮轮等事业，每年获利超过一百亿美元。

早在1966年，巴菲特就确定了迪斯尼的价值，并投入500万美元。1967年，他以600万美元卖出了股份。可是，他十分后悔，应该长期持有的股票被卖出，损失不少。于是，1995年他再一次与迪斯尼合作，持有股份高达3.5%，成了该公司的大股东。

当所有人认为巴菲特对于迪斯尼的投资是终身制的时候，巴菲特却在2000年时，卖掉了迪斯尼的股票。因为他觉得迪斯尼似乎失去了发展的方向：在网络经济泡沫之中花费大量资金做GOTU.COM这样的搜索引擎，还买入一些亏损的公司，其首席执行官迈克尔·汉斯的偏好有些让人担心。

于是，在别人都觉得能成为像迪斯尼这样有名誉、有资本的公司的大股东是十分荣幸的，且绝对只赚不亏之时，巴菲特卖掉了这只股票。他说过，"如果你在错误的路上，奔跑也没有用。"

当我们意识到自己在犯错误时，一定要将毫不犹豫地退出。因为在错误的路上，要做的正确事情就是用最快的速度，尽最大的努力走出错误，才能走上正确的成功。

千万不要在错误的路上固执，你的固执不是坚持，而是顽固不化。这样的固执不仅会让你本想要的安全落空，更是会让你损失惨重。

其实，生活中无论做什么事情都存在风险，可你只要还在正确的路上行走，就不用害怕风险。因为这种风险是建立在你对正确的事物思考的行动之上，是在正确道路上的一种前进，本身就是一种成功。

可是，如果你所做的事情并非你所想要的，或是跨越了社会道德、法律底线，那到头来也是一种失败。

不怕慢就怕停

周末，小明与小华一起到郊外旅游，他们想到一个峡谷看看。走着走着，到了一个分岔路口，没有路牌。还好正值中午，时间充沛，两人迷路了，可并不着急。

小明是一个典型的乐观派，碰到这种情况，也感觉兴奋，完全不为前方之路忧愁，并建议抽签决定走向，觉着反正也能看很多风景。可是，小华不赞同他的想法，他认为有一半的机会是走了也不会有收获的，应该停留在原地，等待人来了再问路是最好的选择。

于是，小明随便选择了一条路向前走，他认为即使走错了也比在这里待着强，毕竟到这里来的人并不多。小华便选择了一个树荫坐下来，小明则向深处走去。

一个小时，小华终于等到了一个身影，可没想到是小明。他显得很开心，可并不是找到了峡谷，而是看到了一条很漂亮的瀑布。

由此，他们确定了去峡谷的路，一路上，小明兴致勃勃描绘着走错路的美丽风景，小华却对此毫无兴致。

直到有一天，小华所在的单位组织出去玩，目的地是一个很美的果园，没想到途径正是小明走了，自己因为停下来没有去走的小路。小华才明白，原来很多机会不是没有青睐自己，而是自己的停滞让它错失了。

现实生活之中，你是小明还是小华？我们身边有着无数担心自己的不成功而停着不敢有任何作为的小华，也有着许多偏好把担心幻化为行动，主动造就成功的小明。后者总是比前者更容易成功，因为生活从来不怕你如何慢，只怕你停滞不前！

《邓析子·无后篇》中有句话说："不进则退，不喜则忧，不得则亡，此世人之常。"引申至今，意思就是逆水行舟，不进则退。所以，无论何时，我们都不能停止努力，哪怕进度很慢，也胜过于停滞！

巴菲特曾不止一次地提醒投资者，当投资机会来临时，不要畏首畏尾，裹足不前。当察觉有利可图，且风险又在可以承受的范围之内，就要果断采取行动。因为金融市场变幻莫测，很多投资的机会都是一闪而过。他一向崇尚"开始，立即行动"的理念，平时日复一日，一点一点地慢慢积累相关的学识资料，可只要看到有投资的机会，他就会果断下手。"5秒钟的决断，可是我会做5年的准备。"这是巴菲特在回答到关于他在工作效率方面的问题时的答案。

巴菲特在30岁的时候就如愿成为百万富翁，可是他从来没有停止继续创造他的财富。通过不断在书本中学习，在经历之中学习，才使得这位"股神"五十年来，依然能在投资领域岿然不倒。

这让我想起平时开玩笑，朋友们对"假如有一天中了五百万"，大部分都说肯定是享受，拿着这笔钱，买房买车，然后周游世界。可是，这样一来用完不就没有了么？为什么不尝试着投资，让钱生钱？至少不会落到坐吃山空的境地。

难怪有人说，富翁丢失了五百万还是富翁，而乞丐中了五百万还是乞丐。只因富翁从不会在财富中坐享其成，停滞不前，所以损失了财产依然能赚到钱；而乞丐必然是好逸恶劳，有了钱就更不会想着前进，自然让人唾弃。

你可以通过下面几种方法来解决停滞这个问题：

首先，意识到你需要和自己赛跑。不要怀疑生活或生命本身的意义，你正处在与自己较量的比赛中，只有行动，行动，将之前落下的时间都拾起来，你才能成为赢家！

其次，寻找能激励你的事物。比如观赏一部励志影片，阅读一本励志书籍，或是树立一个励志的榜样，多与身边对生活有激情、有动力的人相处。从而，激发你对生活的热情，找到你前进的动力。

最后，不妨逼自己一把。在各种停滞中，其实停止前进的本人总会在时间流逝中局促不安，产生自责或是恐惧心理。在停滞不前中枯萎，还不如在行动中绽放！所以，请勇敢地投入到行动中来吧，慢慢来也好，失败了也好，都是在经历，才不会有后悔。何况，只有当你将自己置身于各种计划中去，你才能享受到实行计划的充实感。

百年之前就有过"龟兔赛跑"的故事，兔子小看乌龟的速度，所以在树林打盹，最后输给了慢慢爬的乌龟。年轻人，千万不要做自以为是的兔子，应该多向踏实的乌龟学习，慢一点算什么，只要还在行动就是前进。只要你不曾停歇，必然会有胜利的机会！

做人的第一要素是正直

巴菲特有句名言：正直、勤奋、活力，如果你没有第一个品质，其余两个将毁灭你。对此你要深思，这一点千真万确。做人的第一要素是正直，而这一点也是被所有真正的成功者所认同的。

那么，什么是正直呢？先从字面上解释，"正"字五画，三横两竖，不偏不斜，也没有弯曲，先人的意思显而易见，做人也当形如"正"，直来直去，无反无侧，有规有矩，才可时刻光明磊落。它与"直"字组词，重叠声明的是端正，挺立。只有"正"才有"直"，而没有公正的"直"就只止于坦率。

它的具体含义就是不畏强势，敢作敢为，坚持正道，勇于承认错误。正直意味着有勇气坚持自己的信念。这一点包括有能力去坚持你认为是正确的东西，在需要的时候义无反顾，并能公开反对你坚信是错误的东西。

几千年来人类在文明的进程中从未忽略过这二字的存在。儒家文化的创始人，集华夏上古文化之大成者孔子云，"君子坦荡荡，小人常戚戚"；英国文艺复兴时期伟大的剧作家、诗人莎士比亚道："世上没有比正直更丰富的遗产"；社会主义现实主义文学的奠基人高尔基说过，"走正直诚实的生活道路，必定会有一个问心无愧的归宿"；而现在社会更是提倡建设好社会主义精神文明，重视为人方面的刚正不阿。

巴菲特最忌讳投资不正直之人。他有一个习惯，在看中一只股票，分析一个公司的时候，会对该公司的掌管者进行一定的调查。

一次，在董事会的注资投票议程之中，他给一只看起来非常有潜力的股票投了反对票。当时很多人不解，问过才明白，巴菲特的调查发现这只股票在正式上市的过程中存在许多疑点。最后发现，该公司最大的股东并非一个绝对正直的人。

而对于将人品看作为决定一个公司成败的巴菲特来说，由一个并不纯粹的人来掌管的公司，就算在行业上显得再有潜力，其未来的发展趋势也必然会因为领导者品行的问题导致破产，自然不值得投资。

巴菲特曾给所有员工写过一封信，要求大家将所有违反法律和道德的事情都上报给他，为此他还专门留下了自己家里的电话。对此，他在回忆录中也写得十分清楚，"如果员工因投资不慎让公司亏钱了，我还能理解，但是如果员工因个人作风问题让公司名誉受损，那我将毫不留情。"

在这充满巨大诱惑，最易引发人性贪婪弱点的金融市场，巴菲特依然保持着自己正直的品行。对于华尔街那些违背道德的行径，他屡屡公开出言批评。他一再告诫他的子女，一定要做一个正直的人，正直人的结局绝对不会太坏。

大家身边也不乏正直的人。2009 年的时候，有一位成绩非常优异的农村女孩被名牌大学录取，可这对于一个家境贫寒的学子来说可谓有喜有忧，学费等开支可不小。

一家生产健脑口服液的企业得知这一信息后表示可以提供万元资助，条件是要她作一则电视广告，表示因服了这家企业生产的健脑口服液才使得自己头脑敏捷，一举夺魁的。

面对着万元资助与扬名万里的诱惑，女孩还是毫不犹豫地拒绝了，她的回答是，"我确实家境不佳，也非常需要钱上大学，可是长这么大我从没有喝过这个口服液，也根本喝不起。我取得这种成绩都是依靠老师的教诲与自己的努力。如果我做了这个广告，岂不是违心骗人吗？"

正直之人绽放的光芒总让旁边的人黯然，对比那些为了金钱而出卖自己的良心，依靠欺骗他人来获利的人，女孩这种"贫贱不能移"的崇高品质，实在难能可贵，令人钦佩！

正直的人就是在这样勇往直前收获荣誉。他们蔑视一切享乐的诱惑与一切危险的恐吓，时间或是死亡都不能带走他们不朽的声明。即使在受挫之时，他们也会将挫折视为财富，因为能为正直牺牲显得如此值得，任何苦难也由此无法将其打倒，等待的就只剩高昂的价值与成功了。

所以，年轻人，假如你现在有着一身的本领，千万不能忽视了品行上正直的培养。要知道，那些有才无德的人，最终有一天会被他自己的"才"毁掉。

别被好运冲昏头脑

我国中部衡阳地区某个县城是一个不起眼的小镇，但因为拥有中部最大的矿山而出名。镇子并不繁华，但镇上的人确实有钱。

20世纪90年代初期，是该镇矿山才被挖掘的时候，镇上的人普遍只有初中的文化水平，但都投资矿产赚了不少钱。有钱之后，他们经常提着两麻布袋的钱去打麻将（当时银行储蓄卡并未普及），慢慢的，牌场变成赌场，最后被举报，钱财被缴获不说，人也被拘留不少。

还有人拥有劳斯莱斯，于是有个叫老王的也决定去买一辆长面子。

劳斯莱斯的购买不同一般，它需要定制，而定制需要申请，这其中市级、省级乃至国家对申请购买者的身份进行审核，对其所拥有的财产来源进行查实。问题出现了，老王的钱财还有一部分来自贩卖以次充好的钢材，并不干净，一下子就被查了出来，被抓进了大牢，现在还没有出来……

可见，人在好运的时候千万不能冲昏头脑。矿老板们因为属地优势，再加上矿产发展的局势，所以获得了巨大的财富。老王投机倒把也狠赚了一笔，可这都是运气好，才得到的成功。他们从不会在成功中思考缘由，反而借着好运光明正大地干一些违背道德的事情，最终被这样的好运迫害，成为一个倒霉鬼。

要知道，在现实生活中，没有永远的纯粹幸运者。假如是局势让你获得了成功，这样的好运不会总是伴随，这时候切忌冲昏头脑，保持冷静、谦虚才是王道。

巴菲特因投资身家过亿，其中也靠三分运气。他在股市还在兴起，股民并未膨胀之时就踏入了证券投资的世界，曾多次以最低廉的价格购买了现在实力十分强大，股票价值十分高的股票。要说，他成为世界级的富翁也有"时势造英雄"的成分。

可是他从没有因为自己成为局势发展之中的幸运者而忘记自己的能力，被财富冲昏头脑。对于投资，他时刻保持冷静。

一天，他参加了朋友聚集的一场户外高尔夫球运动，大家都知道巴菲特的高尔夫球的球技不佳，于是提议打一个赌：如果他不能一杆进洞，只需要付出 10 美元，可如果他能一杆进洞就可以获得 20000 美元。大家都以为巴菲特会接受这个建议，毕竟最多损失 10 美元，没想到巴菲特拒绝了，他说他从来不做自己没有把握的事情，因为好运不可能随时伴随你。

较之巴菲特，一般人在自己很富有的情况下绝对不会在乎一点儿小钱，游戏游戏也无所谓。可是，巴菲特从来不会随意花费一分钱去做碰运气的事情。

投资十多年，巴菲特每次都能安全度过各种危机，一次如此是他的运气，可十多年一直如此，那就是巴菲特本身的能力了。可即使这么富有，他也从不骄傲自大，与他相处的人都能感觉他的友好而非自傲。

俗话说得好，"真人不露相，露相不真人。"真正有本事的人从来不会炫耀自己本事，反而会在不断的实践之中吸取教训，默默地提升自己的本事来创造更多的财富。

本杰明·富兰克林是美国第一个享誉国际的科学家、发明家和音乐家，也是美国独立战争的领袖。但他一直将"谦卑"放在十分重要的位置。

其实，富兰克林在年轻的时候也盛气凌人。有一天，他去拜访一位德高望重的老前辈。抬头挺胸，桀骜不驯地大摇大摆，可一进门他的头就被狠狠地撞在门框上，疼得他龇牙咧嘴。出来迎接他的前辈见了，只是笑笑说，"这将是你今天最大的一份收获。它会让你知道，一个人要想平安无事地活在世上，就必须时刻记住：该低头时就低头，才能永远有抬头的机会。这也是我很想教你的事情。"

至此，富兰克林将其作为人生的准则之一，当他功勋卓越之时，也从不曾忘记这次的经历，他总是说这一次的启发帮了他的大忙。

　　假如你有机会与成功的人相处，你就会发现越是成功的人越谦虚，他们从来不会表彰自己的成就，反而，当人们问他们为什么这么成功，为什么这么顺利的时候，他们只会将功劳归结于运气或是身边的人。

　　年轻人，无论你现在是幸运的还是不幸的，请都不要在这种运气中昏头。好的运气来临可以让你更好地抓住机会，你必须冷静、谦虚地接受才能获得下一次幸运，否则，好的运气就像夏天吹来的一阵凉风，之后就再无踪影。

不熟悉的领域不插手

巴菲特选择企业投资的信条是：永远在自己熟悉的行业中选择投资对象，对于自己不熟悉的行业，看起来再有收益的企业也绝不投资。

十几年来一贯如此，纵观巴菲特所投资的领域，我们可以看出他所选择的无不是如保险、食品、消费品、电器、广告传媒等容易评估，前景比较明朗的领域。而像可口可乐、富国银行、吉利刀片、华盛顿邮报等所经营的也无不是在其日常生活中常见的熟悉产品。他向来只投资那些五年内甚至十年内经营模式不变的企业，而对于网络、电子等变化快速，未来发展无法估量的行业，他从不触及。

前面说到过巴菲特在投资界提出了开创性的一点，那就是关于"能力圈"的概念，这正是巴菲特在给予股民关于选择投资公司的忠告。根据《巴菲特致股东信》词汇表的注解，"能力圈"的具体含义是：一个人判断企业经济特性的能力，聪明的投资者画出一条厚厚的边界，并全心关注于他们能够理解的公司。

也就是说，一个致力于投资的人，他并不需要熟知每个行业，让自己成为各大领域的分析专家。他要做的是将最熟悉的领域评估好，分析的圈子大小并不会影响投资的效益，知道它的边界在哪儿才是最为重要的。

也许你会觉得只专注于自己熟悉的领域是一种故步自封的表现，不多吸取更多领域的知识，反而给自己的学识范围画上边界，这岂不是违反了在学识上追求"博大"的常理吗？

对此，巴菲特也有过解释，他说过，"我希望能解释自己的错误，这意味着我只能做自己完全了解的事情。"

的确，你只有了解一个行业，才能在自己从事该行业时所犯错误的缘由。不然，盲目会让你一直停滞不前。

一天，巴菲特与好友们聚会，最后进来的丽娜垂头丧气地坐在了座位上，众人问及原因，丽娜说自己最近投资生意全部都赔本了。说到投资，巴菲特立即起了兴趣，迫不及待地想弄清楚缘由。

原来，丽娜有一个朋友从事的是电脑维修，工作几年，有一定的口碑，想自己在市中心开一个电脑维修的门店。于是，怂恿丽娜入伙投资。丽娜并不懂电脑维修，可是她听过朋友的分析觉得可行，又觉着电脑时下已成为了每家每户必不可少的家电，电脑维修应当是非常有实用性且有潜力发展的行业。

说干就干，丽娜拿出了近两年攒下的钱投资门店。朋友的生意也做得确实不错，日子久了，有固定的订单。前一阵，一个大公司要其对所有电脑进行维修维护，可朋友竟因为技术故障不得不进行赔偿。就这样，他们的合伙生意亏得一塌糊涂。

听完陈述，经验老到的巴菲特立即明白了，问题的关键在于丽娜投资的并不是自己了解的行业，导致亏损时也不明白真正的问题所在。

投资如此，年轻人在选择自己的行业工作更应当如此。

"近水知鱼性，近山识鸟音"，如果你在选择职业时只求有份工作，或者冲着薪资待遇，而不管自己对这个行业是否了解，是否有能力去做好，最终只会有两种结果：一是公司方面发现你能力的欠缺，将你辞退，让你失去这份工作；二是你在从事这个并不熟悉的行业时，相对多少了解该行业的人来说，要学习的东西数不胜数，再努力也可能让你在各种竞争中觉得力不从心，只能选择退出。

对此，我曾深有体会。毕业之时，我曾立志于编辑岗位的工作，但并没有限定具体编辑方向。找工作时，我只要看到编辑职位都信心满满地尝试，终于通过各种努力，我得到了在一个知名医院的内刊当编辑的实习机会。

当时，想着都是编辑，无非是将文字组成文章，不会太难，完全没有考虑到文章内容的组编，最需要编者对此的了解程度。

刚开始，我的工作只是审稿，对成文进行一般性的改写。虽然里面有许多医药方面的专有名词，可只要通过查询还是可以大致了解。可时隔半月，主编交代我写一篇关于医疗方面的短文，限定三天交稿。

这对于一个学医的人来说是相当简单的，可对于我这个在医学上略懂皮毛的人说是大大为难了。我花费了大量时间来查询相关的资料，最后还是拖延了一天交稿。可我如此努力也做得不尽如人意，因一个专有名词的用错，主编全盘否定了我的整篇文章。要知道，在医学方面的刊物其对于读者的指导性是十分特殊的，一个专有名词弄错就可酿成大错。

这对于初出茅庐的我来说真的很受伤。我的工作兴致也由最初的满怀激情到了一提到上班就苦恼，甚至有些畏惧的境地。

于是，我找到了在大学时辅导我职业规划的老师，说明自己的情况。老师做了大学生职业规划咨询已有十年之久，听完我的陈述，老师劝告我赶紧离开所在的岗位。他说："一个人一旦涉及的不是自己所熟悉的行业，就会困顿在这种陌生的、未知的压力之中。虽然通过自己的努力能学有所成，在行业立足的事情并不是没有，可一般情况下，因职场人在求职之前都有一定的知识、阅历的积累，所积累的学识总是有限，而对于超出限度的事情再学习都会被已形成的职业思维模式所限定。人很难突破限定，更多是被这种限定磨碎信心。"

的确，一个人从熟悉的行业转换到不熟悉的行业就好比要盖一座"空中花园"，是完全不现实的。

有人将现代社会的人才分为两种：一种是专才，一种是全才。很多人片面地认为全才备受青睐，所以致力于将自己培养成一个各行各业都要了解的人。事实上，没有谁有足够的精力将每行每业都琢磨透，公司如若要招全才，也只是对其他方面略知，但对某个行业十分专业的人才。

记住，在职场上，你要做的绝对不是把自己打造成一个没有行业范畴，没有精通专业的全才，而是能在限定的熟悉领域内的全能人才。

95

第四章

对待金钱的态度决定未来的财富之路

　　巴菲特是一个向往财富，却又不看重财富的矛盾人，他从小的愿望就是累积尽可能多的财富，很大程度只是因为他对投资、经商和数字怀有兴趣，在成年后凭着这份事业成为世界首富，反倒并未被金钱改变太多。不过，也许这正是他成功的原因，愚蠢的人被金钱所奴役，被金钱改变，所以迷失自我，巴菲特一生的理念是钱为人所用，人不是为钱工作，让钱滚钱才是聪明人。

不做挣钱的机器

每个人都有七情六欲，每个人都有自己最想要和最不想要的生活，倘若这些想法因为金钱束缚，让自己被工作挟持，为了挣钱而选择自己不喜欢的工作，然后在工作中成日压抑、忧愁、烦闷，找不到人生的意义，继而迷茫、盲目到麻木，把自己变成一台赚钱的机器，最终只会得不偿失。

毕竟，钱永远也赚不完，而细算下来，只要不刻意追求奢侈的生活，所需要的钱也是有限的。当你把有限的精力投入到无限的财富中去，如若能顺利获得金钱，你的贪欲会消耗掉你所有生存的美妙，让你将所有的事物都用金钱来衡量，失去纯真、快乐的一切；如若不能顺利获取，想获得金钱的欲望会让你在这种欲得而不能得的折磨之中喘不过气来。而两者的共同点就是你最终会变成一个挣钱的机器。

而事实上，我们工作的初衷不止只是为了钱，金钱只是我们要实现某种目的的一个手段，比如满足于自己或家人的物质想法，比如利用金钱去做自己想做的事情。

巴菲特就不是一个为了钱而去拼命的人，他之所以努力学习投资，并从不停止工作，最主要的原因是他很享受赚钱的过程，这是他的兴趣和爱好。他从不会为钱去牺牲自己觉得重要的东西，包括感情，包括理想。只不过巴菲特比较幸运，他选择的工作刚好能够很好地满足他的物质条件。

他曾说过，"吸引我从事工作的原因之一是，它可以让你过你自己想要你的生活，没有必要为成功而打扮。"

这也就是为什么即使在古稀之年，已拥有亿万身家，巴菲特依然不放弃工作的原因。

其实，选择一份工作，就是选择一种生活。巴菲特选择了自己喜爱的工作，在兴趣的驱使之下，更是让他激情与灵感不断，才造就了今天投资界的"股神"。

工作就好比你的情人，当你真心喜欢它、爱它，就会甘愿全力以赴、坚持不懈地投入，自然硕果累累；当你爱的并非它本身，而是它的附带的金钱，你就无法真心地、心甘情愿地去给予其爱，这时候，你必然不会得到你想要的。

特别是年轻人刚进入社会，最容易在失望中滋生绝望，所以，一定要拒绝成为"赚钱机器"，要知道，一份好的工作不是用金钱可以衡量的！

所以，请放下手中的工作，主动寻找它与生活的平衡，问一问自己，这真的是你想要找的工作吗？你现在工作的目的是否让你离自己的终极理想又近了一步？这份工作是否让你开心？你是否因为有了这份工作而经常处于亢奋状态？

如果答案是否定的，代表你得马上离开岗位，去找一份不会将你变成赚钱机器的工作；如果答案是肯定的，为了你能永远在有意义的生活之中工作，不至于迷失在工作之中，希望你能注意调节，尽可能地做到以下三点：

1.学会劳逸结合。分段树立短期时间内的目标，当达成的时候让自己绷紧的神经适当放松，给自己放个假，才能更好地展开下一步的工作。

2.走在工作的前面。要合理利用时间，争取在最短的时间内做最多最好的事情。效率往往决定了一个人工作的强度，你的拖延只会拖掉所有属于你自己的时间。因而，工作的时候全身心投入，尽快做好，其他的就用来享受生活吧！

3.充分利用业余时间。可选择一种业余兴趣，比如跳舞、打羽毛球、练瑜伽等。工作之余让自己换换环境，心情也会舒畅许多。

人对于财富的渴望没有尽头，但享受工作本身和感受生活比薪水更重要，所以，请停下来让自己透口气，重新选择吧！

不该花的绝不浪费

随着经济的快速发展，生活水平的不断提高，节俭对于我们来说过时了吗？

时下，很多年轻人的消费非常大，工资与花销比起来总是呈现负增长，而这其中大部分竟然是用来购买品牌衣服、热卖手机等。

有个年轻女孩正是如此，她常常抱怨自己的衣服不够用，鞋子不够穿，包包不够背，化妆品或护肤品不够齐全，但实际上她每月近四千的工资几乎都花费在了这些东西上。她的衣服、鞋子、包包等用品都价格不菲，可有半数从未见她穿戴过，许多东西上积了很厚的灰尘都未拆开。

钱应该花在刀刃上，一味在刀背上擦拭，就是一种浪费！可生活之中，很多人都树立了"不差钱"的观念，走了"不会花钱的人就不会赚钱"的极端，忘记了，无论何时，勤俭节约才是中国最优良的传统。

巴菲特的富足是地球人都知道的事儿，可是这样一个有着一辈子挥金如土都不用愁的生活条件的人却一直都非常崇尚节俭。他不追求豪宅、别墅，也不追求跑车，对于新款手机、电脑等电子科技产品也并不感冒。他十分留意自己生活中的开销费用，包括手机费、上网费、房地产税、房屋修缮费等，他都会尽量控制并减少。

"价值理念"一直以这样的方式贯穿他的生活，促成了他成功的投资。大部分人都有所不知，伯克希尔公司最开始只拥有旧金山的富国银行 7% 的股份。后来，促使伯克希尔加大投资该公司力度的原因主要是当时芒格得知了一个小细节：临近圣诞，富国银行的 CEO 卡尔 · 赖卡特发现有名主管想要买一棵圣诞树放在办公室，可被誉为"该公司最好的经营者"卡尔要求其用自己的钱买。伯克希尔因赞赏富国银行这种节俭从自己做起，从小事做起的精神，立马加大了对其的投资，到 2008 年他们都一直持有富国银行的 13.66% 股份。

古语云，取之有度，用之有节，则常足，也就是说，有计划地索取，有节制地消费，就会常保富足。想当年，美国记者斯诺就曾经称赞东方人勤俭节约、吃苦耐劳的精神。当他看到我们伟大的领袖毛主席吃的是小米饭，穿的是用缴获的降落伞改制的背心，住的是简陋的窑洞的时候，就断言这种力量是"兴国之光"。

我们应当时刻不忘这种带领着我们国家在苦难中生存，再从苦难中走出去的精神。更何况，当代节约并未过时，它只是以另一种更为时尚的身份出现，那就是低碳、环保、节能。打个比方说，你住在市中心却为了面子要买车，可当你真的拥有一辆车的时候，就会发现堵车现状不仅不利于你的出行，更是花费大量油钱，而汽车尾气含有一氧化碳、氧化氮等物质，更是非常有害于人身体健康的。

如果你选择搭公交车或是地铁不仅方便，还减少了有害物质的排放，又省钱又方便又节能，三全其美，何乐而不为呢？

说到这里，有人就要说了，花钱的多少是与格调成正比的。花钱太少了，生活品质就会下降，而一个生活品质低下的人必然会低人一等的。其实不然，正如巴菲特在电视节目上提到的那样，较好的节目并不比低俗的节目让你花费更多的钱。

他更对哈佛的毕业生讲过，拥有一万、一百万和一千万对我其实并没有什么不同。当然，这是建立在没有救命这种紧急情况出现的前提下。钱多钱少并不影响一个人去干好一件事情。仔细想一想就会发现，巴菲特做的事情许多我们都可以做到，比如穿同样品牌的衣服；比如都喝可乐；比如都爱吃麦当劳；比如都住在冬暖夏凉的房子里；比如都在平面大电视上看橄榄球比赛……

"唯一不同的是，很幸运的，我可以开着我的私人飞机周游世界，而你们需要买机票。除此之外，你们再想想，还有什么我能做到而你们不能去做的事情呢？"巴菲特幽默地说道。

的确，每件事情都应该依照客观条件来解决，有钱或没钱都有相应的法子。

2012伦敦奥运会刚好撞上了欧洲的金融危机，严重匮乏资金，为了省钱，奥运场馆更是建立在一片荒废工业园之上，伦敦政府锱铢必较，多为临时性工程，看上去颇为节俭，奥运村的简陋、拥挤曾招致不少怨言。

但他们的奥运开幕式并没有让人失望，气氛活跃、多姿多彩、星光璀璨、创意缜密，采访中大部分人都感到惊叹与欣慰，大赞精彩绝伦、史无前例。而此时对于伦敦的节俭变成了，奥运会主打节俭，这正是宣传环保的一种手段，也更体现英国人的品质。

可见，做事的好坏并不在于钱的多少。有的时候我们投入了大量的金钱，可因为钱没有用在点子上都浪费了，最后只落得了"赔了夫人又折兵"的下场。

当然，节俭也要有技巧，很多不能省的钱我们不能省。像年轻人买书、买报纸、报培训班、人际交往等进行自我充实，积累自己能量的费用都不能省。总之，巴菲特忠告于年轻人，钱是用来花费的，但花销也应该值得，这才对得起你赚钱时的汗水与泪水。

年轻时不要轻易借债

时下，金融风暴的阴影还未褪去，600多万大军将去掉学生的头衔，彻底扎入社会，就业形势显得相当严峻，青年们无不被这黑色七月所笼罩。

究其原因，一方面是大部分年轻人寒窗十载，有本科以上的学历，踏出学校的伊始，无法理解梦想与现实的差距，心高气傲，更是看不起待遇差或起点低的工作；另一方面收入高、福利好、环境佳、工作稳的单位竞争太大，让本安逸于无忧校园生活的青年在形势之下失去信心，更是会影响人找到一份好工作。

于是，很多人想到了创业。自主创业对于年轻人来说不仅仅可以做自己喜欢做的事情，让自己的能力得到完全的锻炼，更可能在机遇好的情况下大赚一笔，早早为自己事业路做好铺垫。

"就业难，我们就创业"的口号打出，五个中间就有一个青年准备好了走这条路线。创意、方向、项目等在夜以继日的思考中得到解决，但最重要的一点，创业资金从哪儿来？有家底的人可以向父母求助，没有家底但又想借助创业来赌一把的人就想到了借债。

事实证明，年轻人有自主创业的想法不失为一件好事，可一定要慎重。借钱创业的办法不可取，因为任何创业的输赢都没有把握，何况这一切都是由一个乳臭未干的小子来掌管！

连对于股市预测神乎其神的巴菲特也说过，他与芒格从来不敢借钱去买股票。股市的风险一直存在，股票下跌的可能性也时常会有，而股票下跌常常会套牢你的资金，最后你为了还债不得不以便宜的价格卖掉自己的股票，这与股票长期投资才能得到其价值收益的根据做法相反，投资者必然会得不偿失。

巴菲特将负债称作是系在公司方向盘上的匕首，直指要害。对于公司尚是如此，就不用说对于一个用借债来创业的年轻人了。

在财富之上，巴菲特也赞成"欲得则越不能得"的理论。他认为赢利的投资是建立在一个安全环境之中的。现实也是如此，往往你很想做成一件事情的时候，得到的会是反效果；你以平常心态去对待的事情，反而会得到出乎意料的回报。"有心栽花花不发，无心栽柳柳成荫"在投资上总有折射。

年轻人通过借债创业，拿巴菲特的比喻来说，就好比一个富有的农场主家族，每年都以卖掉一部分田地来维持奢侈生活方式，当所有的田地都卖完，好日子也就到头了，农场主会沦为佃农。

投资是以钱生钱的冒险过程，在这个过程中，"现金流"尤为关键。以利润养债务的想法不可取，我们最要做的就是在冒险之前要保障手中的现金流是正数。如此，才能使得我们毫无后顾之忧地针对创业本身的赢利而努力，而不是成日为还债忧心忡忡。

创业资金不足时，可以借助其他力量，比如采取合伙的方式。除此之外，现在国家也很鼓励年轻人创业以缓解就业压力，所以有一系列补贴与顾问支援等政策。

上海市政府就为鼓励大学生科技创业设立了"天使基金"管理机构，会严格审核每个年轻人的创业项目，确定其有前景时，会投入一定的资金，并派去专门的辅导人员，时刻控制资金风险。

年轻的、有创业想法的人在资金有顾虑时可通过正常渠道去寻找相关的帮助，千万不要通过借钱来创业，那难免会让你在年轻时就背上债务，承受不堪的压力。

金钱是为人服务的

想必每个人都有一个属于自己的"百万富翁"的白日梦，希望自己有更多的钱，就能想买什么就买什么，想创业就创业，想旅游就旅游，总之，想干什么就干什么，从而钱显得那么万能。所以，月薪上万的人依然因不满足于自己的工资而终日愁苦；千万富翁为了拥有更多钱成为亿万富翁而不惜走到法律边缘；购买彩票，做着发财梦的人也日益增多。

仿佛，所有劳作的最好结果就是换取更多的财富，而拥有金钱才是人生如意的天堂。可你有没有想过，金钱本身的意义是什么呢？

我们拿着一张钱，纸质的，没有任何活力，在你冷的时候不能给你温暖，在你热的时候不能为你解暑，可人们在拿着一百元的时候还是会比拿着一块钱更开心，只因为这样可以换取更多的东西。它是物品等价交换的一个工具，相信当它不能换取任何东西的时候，就没有人再对其倾心，甚至连拿着都会觉得负担。

可见，金钱本身并没有意义，它只是世间物质的一个价格表示，其意义在于可以换取其他有价值的东西，有时在获取金钱过程中人们能体会到快乐。它的作用围绕人的需求而定，只是为人服务的一个道具。

然而，我们生活中很多人都误解了金钱的意义，认为人生不过是一个追求富足、赚取金钱满足自我的过程。于是，在"金钱至上"的驱使下落入金钱的陷阱，变得贪婪、自私，为了获得金钱不择手段，不惜讹诈、欺骗。而后，在所谓享受金钱的"幸福"之中变得麻木、腐朽。

平日，无论是在周遭，还是在新闻中，我们都可以看到一些亲兄弟或是夫妻为了财产厮杀，家族中的"遗产风波"事件也是司空见惯。可当人通过背弃一些东西去换取足够的金钱时，得到真的会比失去多吗？

　　巴菲特身处与金钱直接挂钩的投资领域多年，冷静地掌管金钱而并非被金钱利用，最主要的原因就是他认为金钱的意义不在于本身的价值，而在于它服务于人，给人带来拥有它的愉悦过程。

　　因此，巴菲特给人的印象都是朴实近人、笑脸迎人的，在他没有成为百万富翁之前也是如此。可见，他对于生活的满足，并不是来自于他过亿的资产。他说过，自己已经获得了想要的生活，金钱的作用并没有一般人们所说的那么神奇，毕竟你有钱了也不可能同时住在20栋房子里，不可能一天吃20顿饭，不可能一次开5辆车、乘坐4艘船。

　　当现有的金钱已经满足了自己的需求，那么留着再多的钱也毫无意义，所以巴菲特致力于慈善事业，他认为金钱是为人服务的，多余的钱既然对于自己没有多大的好处，那就用于那些最需要它的人。

　　《茶花女》书中有一句名言："金钱是好仆人、坏主人。"的确如此，当你将获得金钱看成只是为人服务的一个途径时，你就能理性、客观地去对待这样一个过程，金钱就会听你的话，最终，你能运用金钱过更好的生活。

　　可是，当你将金钱视为一切目标所在，你就会在不知不觉中夸大金钱的作用，让金钱成为你的主人，被金钱奴役。一切变成以利益为主，丧失人最珍贵的情感，丢掉人的精神追求。这时候，金钱更是会成为你安全感的靠山，而为了获得这份安全感，你会不惜将自己的工作、爱情、友情、亲情都在金钱的秤上量一量，不够重量的都会被你抛弃。

　　聪明、成功的人往往都是是在考虑如何运用手中的金钱，让金钱为自己服务；愚昧的人、失败的人才会甘愿被金钱沦陷而不自知。因此，年轻人一定要认清金钱的意义，要让它服务于你，而不是被它奴役。

从挣小钱开始滚雪球

巴菲特在财富积累上有一个关于滚雪球的理论。

所谓"滚雪球"就是将最初很小的一团积雪捏紧，在雪地上反复滚动，待雪地上的雪都被搓揉干净之时，一团积雪已经形成了一个小圆球。之后，再踏实地、一步一步地在其他雪地中滚动，你会发现，你需要滚动的力度越来越小，而雪球随着其体积的变大所吸取的雪越多，促使雪球不断增大。

它很形象地形容了积累财富的过程：由最开始的艰辛、微不足道到最后的轻松、举足轻重。

巴菲特成为股神的财富历程亦是如此。

1956 年他向四位亲戚和三位密友筹集资金 10.5 万美元创立巴菲特合伙公司，第一次以一个公司的名义，从一个公司发展的角度出发投资，从中获得无数失败的教训与成功的喜悦，到 1965 年，巴菲特以所成立的合伙公司的名义买入了伯克希尔·哈撒韦公司 49% 的股份，成为伯克希尔的大股东。接着，巴菲特合伙公司在巴菲特的指引下将伯克希尔的股份增持到 70%，1969 年，巴菲特解散合伙公司，接手管理伯克希尔公司。

而伯克希尔本是一家主营纺织品的公司，巴菲特通过他独特的投资眼光，将其致力于保险投资公司，带来大量现金流，挽救了这个历史悠久却未与时俱进，差点儿被时代冲走的帝国。

在巴菲特的精心管理之下，伯克希尔的公司规模不断扩大，所收购企业的行业由最开始的保险到珠宝、鞋业、糖果等，犹如滚雪球般，范围越来越广，而伯克希尔的股票在40年里上涨了40多倍，造就了巴菲特"股神"的传奇。

古语云："不积跬步无以至千里，不积小流无以成江河。"财富之路的道理也正如此。从挣小钱开始滚雪球，最后才能积大财。

英国人与犹太人一同寻找工作，他们都是初来乍到的年轻人，也都怀揣着一个挣大钱的梦想。有一枚硬币躺在地上，英国人看也没有看一眼，而犹太人却兴奋地将其拾起。英国人很鄙视犹太人的行为，认为这么大的人了，一枚硬币也去捡，太没出息。而犹太人则想，英国人竟然让钱白白从身边溜走，实在不该。

不知是幸运还是不幸，两人被同一家公司聘用。公司不大，工作也累，工资较低，但前景不错。英国人不屑一顾地走了，而犹太人却高兴地留了下来。

事隔两年，两人在街头偶遇。那个时候的犹太人已经是一家大集团的老板，而英国人还在找工作。英国人觉得非常不解，觉得为一枚硬币而折腰的人怎么会有大出息呢。而犹太人则回答说，正是因为你对一枚硬币嗤之以鼻才发不了大财。

"一枚硬币"的两种态度换取了两种人生。犹太人重视一枚硬币的力量，知道大钱由小钱积累而成，所以他踏实，不错过任何得到小钱的机会，最后赚到了大钱。而英国人不捡一枚硬币并非不爱钱，只是因为他看不起小钱，觉得大钱才值得自己折腰，所以他的钱总在明天。

综观中国历史，就会发现凡是成功者都是像犹太人一样重视"一枚硬币"的人。没有谁生来就注定为赚大钱而存在，大钱都是小钱积累而成的。年轻人创业挣钱更是如此，只有先做好了小生意，挣到了小钱，才能在这个过程中谋出挣大钱的路子。所以，年轻人要想创业成功必须要有为"一枚硬币"折腰的精神！

可年轻人大多心高气傲，在赚钱上更是抱着不挣小钱、只赚大钱的态度。

前段时间在我姑姑七十大寿的寿宴上，我碰到了工作已有两年的侄子。我们的关系一向很好，他遇到什么问题都会与我商量。当问及工作近况，他的牢骚就来了，"挣钱真不容易。找份工作呢，难挣大钱；想创业但又没有资金。"

我告诉他说，你有两条路可以选择，要么就在工作中积累人脉、财力，然后去挣大钱；要么，就降低你的创业规模，从小生意做起，再挣大钱。

侄子听了恍然大悟。

实在是非常简单的道理，但年轻人总因好高骛远而被蒙蔽，总认为自己现在手中的资金不宽裕，会影响大生意的促成，会阻碍成功。

其实不然，"冰冻三尺非一日之寒"，创业者由一无所有到腰缠万贯铁定不是一时之事。现实之中就有许多百万富翁都是从卖纽扣、打火机、袜子等行业发家，最初无一不"摆地摊"、"外出沿街叫卖"、"挨家挨户上门推销"、"小店经营"等。他们的生意都是在这样的日积月累中"滚雪球"，由小到大，财富也随之由少到多，最终造就了属于自己的商业帝国。

可是"滚雪球"也得注意方法。

巴菲特说，成为百万富翁的过程就像滚雪球，而要滚好这个雪球最重要的是要找到很湿的雪和很长的坡。

这就要求年轻人在挣小钱、滚雪球的伊始一定要注意以下三点：

第一，找到高山长坡。也就是确定的、有前途、有潜力的创业方向。不要贪婪，要专心选择一个区域，然后一直坚持下去。

第二，等待湿雪。雪只有在湿的时候最容易被滚在一起，而湿雪是在天气变晴、气温有所回升的情况下形成的。也就是说，我们要等待最佳的时机然后果断地投入力量。这样才有事半功倍的效果。

第三，踏实地滚雪球。有了雪球的雏形之后我们要做的事情就是以最快最稳的方式将其变大。所以，创业之中脚踏实地尤为重要，因为在雪地上奔跑很容易跌倒，打碎雪球。

存钱存不出大钱

　　世界上，愚蠢的人为钱工作，然后等待存钱发财；聪明的人会在工作之中收获金钱，接着学会让钱生钱。很显然后者成为富翁的机会大得多。存钱是很稳定，它是理财的第一步，但是要变成有钱人就必须有投资的理念，因为只有合理的投资才能让钱生钱。"你不理财，财不理你"，只有一个时刻将理财当成生活的人才能成为财富的主人。

　　有专家分析出，一个人工作最长的年限不超过 40 年，而人均寿命为 70 岁，将赡养父母与父母养育自己的 20 年等同起来，加上买车、买房、人情送往、养儿育女的费用，人所需要的钱财绝对超过了所赚的 40 年之久。这个时候，让所获得的有限的钱变多，以保障一生的需要，合理的投资理财就显得尤为重要。

　　那么，什么是投资理财呢？如果将你的收入比喻成一条河流，财富就是你的水库，难免有花销让水库里的水流失，彼时，理财就是那个能够抑制水流失，帮助你更好蓄水的闸门。

　　其实，从 2006 年以来"投资理财"的概念已经普及，对许多人来说并不陌生。大家都知道理财的重要性，可很多人都没有及时加入到理财的系列中来。究其原因，主要是三个方面：

　　首先，认为自己没有钱理财。有的人认为自己很穷，现钱都不够花，哪里来的闲钱理财？理财那是有钱人干的事儿。其次，人的安全感在作祟。很多人知道合理投资理财的重要性，但总是害怕投资失败。认为不理财也挺好，认真工作，存下的钱都是自己的，不会丢失，心里踏实。最后，有的人由于工作压力经常加班、加点，对于投资理财心有余而力不足，所以，也未将投资理财放到发家致富的首要位置。而这些因为各种原因没有投资理财的人，往往都是错失挣钱机会的人。

实际上，钱就好比你的士兵，你存的钱越多就代表你的力量越大。当你意识到你是士兵的主人，你会充分利用每个士兵来获得胜利。可当你没有意识，一味将存下的钱当做你的主人或宝贝，舍不得或是根本不会考虑让这些本该奋斗于战场的士兵出战，只是养着他们，生怕其受到伤害，金钱价值的大范围影响会形成敌人突袭而来，狠狠地伤害你尽心保护的士兵。

巴菲特就是一个从来不拘于用钱致富的人。小时候他和姐姐都有零用钱，姐姐大多数都存起来用于买自己喜爱的东西，可巴菲特却用来捣鼓小商品，赚取差价，最后比姐姐存下的钱多得多。

长大后，巴菲特学习投资理财，倾心证券投资，在成功进入导师格雷厄姆的公司工作学习之后，他已经拥有了 10.5 万美元的资产。试想，当时如果他将其存起来，或者是全部用来买房而不是投资，他将不会成功地成立巴菲特合伙人的公司，更不会在拥有了 2500 万美元的财富之后继续收购伯克希尔，致力于投资工作，最终在 2008 年成为世界首富。

可见，投资理财对于致富来说是多么举足轻重的一件事儿。

其实，理财并不在乎钱的多少，每个月省下两百元，一年就有 2400 元。别说你工资太低，吃用都不够，哪里的钱剩？

对此，相关企业做过一个调查，假如你所在的公司收益不佳，而现在就业问题严峻，你被老板告知要不选择辞职，要不选择降低月薪两百元。你会选择哪种？其中 90% 的人选择了后者，日子依然过得下去。所以说，用来理财的原始资金省不省得出来不是看你的工资有多少，而是看你愿不愿意省。以此类推，用来投资的时间也是如此，现实生活中，真正专业的投资者也占不过 20%。

当然，在进行投资理财之前，我们需要积累一定的理财知识。至少得了解基金、股票等投资方式中的注意点，要会看年报、财务报表，不然就算牛市到来了你也无法预测，只能根据别人说这只基金好或那只股票坏的评价进行盲目投资，那必然是失败的。

年轻人要趁早养成投资理财的习惯，建议花费自己储蓄的 10% 来进行长期的投资，这样不仅仅能加大财富积累的机会，更可以在投资中锻炼自己的能力。通过一次又一次投资成功或是失败的总结，也可使你更加懂得投资市场，培养你的独特眼光。毕竟，无论你从事什么工作，都是一种通过投资来赢利的过程。

散财也是一种投资

"散财"与"投资"两个词乍看之下的确背道而驰，可事实上，它有两层含义：第一，散财也是一种投资的方式，它的投资主要致力于无形资产，也就是我们常说的声誉；第二，散财也需要利用投资技巧，一个人要做到将钱的作用最大化，将散财用到最需要的地方，给他人带来切实的利益，也需要有投资的眼光。

先说运用散财这种投资方式，换取"声誉"收益的必要性。喜诗糖果公司是巴菲特所掌管的伯克希尔公司一直持有股份的公司之一。该公司在1972 年的时候就拥有 800 万美元的有形资产，与此同时，其每年的税后盈余高达 200 万美元，或者说是资本的 25%。

当巴菲特提及喜诗糖果公司为何有如此赢利时，他解释道，因为它享有提供优良糖果以及服务的好声誉。正因为这种声誉可以让喜诗糖果的产品比竞争对手的产品价更高，依然有许多人购买。只要这种声誉一直存在，特殊价格只会给让喜诗糖果带来更丰厚的利润。

巴菲特在进行投资收购时，非常重视公司的声誉。他曾说过，"在你买入一家企业的时候，经济商誉是不断施惠的礼物。"这也就是为什么在1990 年富国银行遭受房地产泡沫破灭危机，股价大幅下跌时，巴菲特大举介入的原因。甚至在投资于富国银行的两年中，富国银行差点陷入亏损，但巴菲特仍增持股份，只因为富国银行在美国人心中的地位是极高的，一块招牌砸下来，五个美国人中有三人使用的是富国银行储蓄卡。即使是在富国银行的股票大跌时期，巴菲特在自动取款机旁边观察，发现大部分人用的依然还是富国银行的卡。

声誉很多时候会挽救或是毁灭一个人。巴菲特也受过声誉的苦与乐。投资伊始，他没有什么可观的业绩，在拉人入股投资的过程中常常四处碰壁。有了自己的公司和股东后也会因自己做出的决断异于常人被股东责怪、质疑，直到正式进入证券投资领域长达十多年之久，巴菲特凭借自己超人的眼光，顺利度过一个又一个危机，在股市中常胜，才赢得了股东们的信任。加之后来对慈善事业的付出，将大部分家产捐赠给比尔·盖茨的基金会，改变了许多人对他只赚钱、不花钱、很吝啬等看法后，巴菲特才建立起了属于自己的声誉，这也帮助过他的公司度过许多危机。

声誉不论是对于一个公司，还是对于掌管这个公司的人来说都尤为重要。世间一切关于投资的活动不过是一场物与物交换的过程。我信任你的产品或公司，所以我花钱来投资，借用自己的钱让你扩张投资而盈利。在这个过程中，就有一个信誉度的问题。

我出钱是因为你让我信任，可是当你的行为让我不信任时，价钱再低，我也不愿意出。这也就是为什么当某商品或者某家公司的卫生等方面被爆出有质量问题时，该商品的价格就会大跌，该公司的股票也会呈直线下降，但无论下降到多厉害，购买它的人还是很少。就像 2010 年中国乳品企业中的大鳄们，蒙牛、伊利被陷入"三聚氰胺事件"的质量门时，其价格由最开始的两元一瓶直降到五角一瓶，依然滞销。

所以说，年轻人想要发财一定要注重"声誉"这种无形资产，这就好比一个人本身的身价，是除去一切外在的物质还可以存在的价值。

那么，我们该如何最大作用地利用散财投资来获得良好的声誉收益呢？想必这也是巴菲特为什么要宣布将向梅琳达·盖茨基金会捐赠 310 亿美元，而不是将其放在自己所组建的基金会里面的原因。

梅琳达·盖茨基金会主要用于资助世界最具传染性而又至今无药可医的艾滋病研究。巴菲特相信比尔·盖茨会将这笔钱运用得很好，所以才捐赠于此。当然，巴菲特散财的形式是建立在他本身富有的基础上。回归到大多数钱财并不充裕的年轻人，我们要做到像巴菲特一样散财获得声誉是很不现实的。我们要学习的应当是他散财投资的观念。这种观念的形成对于年轻人事业的成功也是必要条件。

日常中，公司里难免会有为某某捐款，或为周边某重大事故捐款的活动出现。这个时候，如果你捐得过少，表面上没有人批评你，事实上，同事会在听说你的捐款数目后鄙夷，议论纷纷，更是会依据你所捐款的数目断定你是一个吝啬的人，而吝啬的人是不会有人喜欢的。当老板看到你的捐款数目时就更恼火了，这明显是不配合公司工作，升职升迁的事情也会因此与你无关。

还有平时同事或是朋友的聚会，我们也不能为了省钱而吃"霸王餐"。谁都愿意和主动买单的人交朋友，而不愿意与从不主动买单的人出行。在我们的理财单中，人际交往费是最不能省的，不然你损失的绝对不是几顿饭钱。

很多时候，一个人对另一个人的看法都来自于各种细节，而这些细节中最为突出的就是金钱利益。所以，年轻人要成功，在为人处世之时就得有散财的理念。舍得，舍得，有舍才有得。生活中，我们不能只顾及眼前的这点小利，为了省钱而违背情谊。要知道，散财也是一种投资，舍得花的人才有得赚。

第五章

成功的人往往具备别人没有的特质

　　成功的人一定是人群中最特别的人，巴菲特就是这么一个特立独行的人，他曾经说过：如果你发现了一个你明了的局势，其中各种关系你都一清二楚，那你就行动，不管这种行动是符合常规，还是反常的，也不管别人赞成还是反对。别人做不到的事情，你做到了，自然就会出类拔萃；别人不敢选择的，你选择了，自然就能领先一步。年轻的人们应谨记这一点，无论何时都不要让自己变得与众相同。

年轻人不应该迷信权威

美国的心理学家曾做过一个实验:

他特意给某大学心理系学生安排了一个新来的老师,由系主任介绍说这位老师是从德国来的著名化学家。接着,这位化学权威煞有其事地拿出一个装有液体的瓶子,说这是他最近发现的一种新的化学物质,有些气味,请在座的同学证实。化学家拿着装有液体的瓶子在教室内走了一圈,很多同学都会仔细闻闻,虽然有很多人不确定,可当老师询问有多少人闻到了气味时,大多数同学还是举了手。

而实际上,这瓶液体并非什么新发现的化学物质,只是一瓶再普通不过的,没有气味的蒸馏水。这位老师也并非"化学专家",只是一名普通的心理老师。但同学们不但相信了由系主任介绍的关于老师的身份,更是否定了自己的嗅觉,认为瓶子里的液体是有气味的,来迎合所谓"化学权威"的说法。这种现象在现实生活中普遍存在,心理学家将其称为"权威效应"。

权威效应,又称为权威暗示效应,是指一个有地位、有威信、受人敬重,在某方面更是专家的人,他无论说什么话或是做什么事都会引起他人的重视,并让他人相信其正确性。

"人微言轻、人贵言重",只因权威人士在他人眼中,对某个领域有过一些正面的、积极的影响,并得到了社会大多数者的肯定,"对"的光环就折射到了权威者的任何思想、行为、言语之中,让人们认为权威人士一定是正确的。而那些赞同权威的人，不仅可以降低自身对于处理某件事情的冒险系数，满足人的安全需求，更是可以在权威人士的"被人认同"的光环之下，让自己也变成一个被人认同的人。这也就是为什么平时广告中的各种品牌都找名人代言，特别是新出的品牌一定要找时下大腕赞誉这种产品的原因。

"权威效应"并非没有作用，对于正确无疑的权威理论，我们可以在辩证说理时大胆引用，不但可以更好地表达自己的观点，更是能让他人信服，从而改变他人在相关事件中的不正确的态度与行为。

可我们不能迷信权威，迷信则轻信，盲目必盲从！迷信权威会阻碍一个人创新能力的培养，年轻人轻易相信权威，就会被陷入"权威"的死胡同中：思考——有新主意、新看法——寻找权威依据——怀疑自己——否定自己——失去思考的兴趣，最后变成一个懒于思考的人，而一个人若失去了思考的能力，则必定会缺失创新的前进动力，变得停滞不前。

几百年前，伽利略若不是怀疑亚里士多德的"不同重量的物体，从高处下降的速度与重量成正比，重的一定较轻的先落地"的理论，就不会有比萨斜塔的实验，不会证实人们相信了近2000年的理论竟然是错误的，更不会开启近代自然科学时代。

其关键是在于创新者们是否有勇于向"定论"提出质疑，向权威进行挑战的精神。

巴菲特正是凭借着这种精神才得以在证券投资市场中不断进取。人人都知道巴菲特的导师是"证券之父"格雷厄姆，在证券投资行业是有相当权威的人物，他的"价值投资"开创了有向性投资的先河，更是巴菲特最为尊敬的人。

即便如此，巴菲特在1951年修完证券投资的课程，毕业于哥伦比亚大学之后，也没有听从格雷厄姆关于"你暂时不适合进入投资行业"的专家之言，全身心投入了证券市场，为他踏入投资领域、成就辉煌奠定了基石。

接着，在投资中，巴菲特一开始严格奉行格雷厄姆所传授的"在进行投资时，一定要在股票便宜的时候去谋取机会"的宗旨，研究各种便宜股票并适当买入，后来逐渐怀疑这被华尔街多数自命不凡的投资成功者都认同的观点的正确性。巴菲特总结发现便宜的股票很难有涨价趋势。通过探索，他不顾格雷厄姆的权威身份，毅然否定了格雷厄姆"只捡雪茄蒂"的理论，找到并赞同费雪的关于"平等看待股票持有公司，不论价格高低对公司进行客观评估"的投资方法。这一点的改观使巴菲特的投资收益空前提升，给巴菲特的投资之史划下了重大转折的一笔。

随后，巴菲特更是在秉承格雷厄姆"价值投资"中"最关注的是持有股票公司的有形资产的运转情况"的理论之时，不被其经验之谈所束缚，总结出对于企业来说无形资产比有形资产更为重要的结论。

巴菲特就是这样不断怀疑权威，在权威的经验之中不断自省，敢于自我否定，敢于超越权威，开拓创新，从而将自己的投资方法在一步一步的修改之中趋向完美，在投资领域中所向披靡的。

作为年轻人的我们，也应有像巴菲特这样的成功者的特质。挑战权威是对人们本能所认同的事情进行推翻，它是冲破固定思维，思想冲浪的一个过程，年轻人都充满活力，享受刺激，这类事情年轻时不做，还等到什么时候？

前阵子《人民日报》的一份报道让我尤为感慨。报道说一名 12 岁的小学生用实验推翻了"蜜蜂发音靠的是翅膀振动"这个被列入我国小学教材的生物学"常识"。

该生名叫聂利，偶然中发现翅膀不振动（或被剪下双翅）的蜜蜂仍然嗡嗡叫个不停，然后用放大镜观察了一个多月，终于找到了蜜蜂的发声器官。撰写了论文《蜜蜂并不是靠翅膀振动发声》，荣获全国青少年科技创新大赛银奖和高士其科普专项奖。

这个连成年人都未曾怀疑的书本"定论"，被一个看似不知世事的孩子所推翻，实在引人深思。也由此可以得出结论，迷信权威的人更容易在权威中迷失自我，故步自封。

巴菲特曾说，不要被那些所谓权威人士的言论所牵绊，要相信自己的能力；大胆超越权威，这样才能建立一套适合自己的投资理念，以弥补很多"权威"的不足。

因此，年轻人，如果你有新的理论或是不同于权威的看法，请不要轻易否定自己，因为没有哪种权威的声音就一定是真理，试着去证实自己的想法，说不定你就是下一个推翻权威、成为新权威的开拓者！

外界的声音只能作为参考

最近观看了一部新片，名叫《杀生》。它讲述的是一个"设计死亡"的故事。

在四川的长寿村里，一个名叫牛结实的青年小伙子因为行为太过极端，常常违背传统，成为村民的众矢之的，大家对他都很厌恶。可国有国法，家有家规，法律的桎梏让村民都拿他没有办法，但又不甘心任其为之，于是请来了高手解决这个大麻烦。

外来高手牛医生让所有村民跟他一起演戏，制造了让牛结实误认为自己得了不治之症的"骗局"，让他"心"生了"死亡"。最后牛结石，本一个完全健康的人，在外界质疑的言语中由最开始的不信到最后深信，而带着棺材死在了山头。

影片改编自陈铁军的中篇小说《设计死亡》，他的构思最新颖之处在于运用人轻信他人言语，而怀疑自己，坚持他人观点才为正确的心理来撰写了一起"杀人不见血"的谋杀案。杀人凶手是发出言语的众人，也是被杀死本身的心理。正所谓"杀人，莫过于杀心"，如何杀心？就是通过运用言语或行为的形式来中伤人对生存或成功的防备点。

都说"人言可畏"，在实际生活中，在人与人相处的规则里，也并不无道理。许多公众人物都不敢公开恋情或婚姻，并不是不想承认情感的存在，主要是因为在公众生活之下，有很多人为了博得眼球，经常炒作，利用莫须有的东西来对其情感进行评判。本是两个人的生活多了许多闲言碎语，时间久了，自己都会产生怀疑，最终只会导致恋情破碎。

就投资来说，想必大家都知道，股票市场总是充斥着各类信息，其中最多的就是所谓"专家预测"、"小道消息"、"内幕决策遭曝光"等，就是为了告诉股民哪种股票会升值，要买，或是哪只股票将遭遇风波，快抛。

尽管很多股民都在这样的流言信息中受过挫，也告诫自己一定要吸取教训，但是，当看到有其他人听信流言而采取行动时，也就抱着"万一是真的"的心态，东施效颦，最终血本无归。

巴菲特在这一点上是很好的，他从来不相信所谓的市场预测、内幕消息。他常说，如果股票市场的信息总是有效的，我只能沿街乞讨了。

对于投资市场的外界声音，他最相信的是相关新闻媒介公布的消息，包括金融和证券市场的管理政策、宏观经济报告、上市公司年报、上市公司的信息公告等，这些有理有据，且非常有公信力。

他从不相信市场消息，甚至是他人整理的持有股票公司的分析资料，他甚至从来不看专家对股市分析的走势。他只相信自己，相信一个公司的股票价格由持有股票公司的本身价值来决定，只要做好了该公司的评估就可以决定投资或是不投资，对其他的消息都应当保持谨慎。

而年轻人最易轻信他人之言，自己有了创业的点子，告诉他人，只要两人中有一人反对就会让其打消创业的念头。可是别人说的就一定是正确的吗？

生活之中，我们常常都会碰到类似的事情，身边两个熟悉的人吵架，气愤之余两人都向你诉说，可你会发现明明是一件很客观的事情，两个人的说法完全不同，公说公有理，婆说婆有理。每个人的成长经历、家庭教育背景、心理路程都是不一样的，所以在看待任何事情，分析任何事物的时候思想都会不一样，通过言语表达出来的，自然也会显现出不同的效果。

你不能片面地肯定或否定某个人的言行，因为他们的本质、所处的角度本身就是不同的，说出来的相背驰也很自然。因此，你更不能在一家之言的断定下，不通过反思或尝试就认为自己的做法会是正确的还是错误的。

年轻人因涉世尚浅，阅历、实践经验等方面的积累确实不够，能够在做事情之前主动与相关的人讨论，吸取有经验者的建议是一件好事情。但是，对于外界的声音一定要过滤着去听，对于那些你认真研究、辨析过而得出的新意结论，千万不要因为他人的赞成或反对来断定自己的对错。不妨在理性之中，梳理出自己对该事物的看法，然后追究他人不同的意见，在其中找出根源，及早发现更多在实施过程中会碰到的问题，并在综合之下妥善解决。只有择听择优，才能常胜不败。

好饭不怕迟，好事不怕等

　　股票市场的投资活动，很多人都将其看作为一个短期行为。认为股市波动大，风云莫测，只有在股票有上升趋势的时候买入，在股价有下降趋势的时候果断抛售，才是最好的炒股手法。

　　巴菲特的做法恰恰相反，他觉得股票应该是一个长期投资的过程，这也就是为什么他赞同人们要用平时不会需要的闲钱来炒股的原因。

　　综观巴菲特的股票，可口可乐、美国运通、喜诗糖果公司等无不持有达十年之久，有的甚至达到了 30 年。其每一项注资都是在所持股票的公司最低的时候，本就是反其道者而行之的行为。外界否定声音不断，可巴菲特依然耐心地等待这些股票价格的回升，回升之后更是耐心地对其继续进行长期投资。而这些股票的投资也没有让巴菲特失望，几遭大起大落，最终都显现了其本身价值，给巴菲特带来了巨大的财富收益。

　　这其中，要属巴菲特所投资的吉利最为跌宕、惊险。吉利公司是一家以经营剃须刀为主的国际消费品公司，从 1903 年创办到 1985 年的壮大，其发展都是有目共睹的，可是到了 1985 之后，其公司因为开发新产品缓慢，年利润急剧下降。公司一筹莫展之时，巴菲特却看中了该公司的前途，对其进行投资。

　　可在巴菲特买入吉列公司股票的两年里，吉列的收益不但没有增长，更是持续呈下降趋势，这让本相信巴菲特眼光的股东也开始怀疑他的决定。可巴菲特从来不为此焦急，也没有做任何挽回折损、抛售股票的活动。他只知道每天早上起来全世界有 25 亿男性同胞需要用剃须刀，所以吉列一定不会倒下。近 800 天的等待后，巴菲特又一次被证实了他明智的选择。通过吉列的不断努力，公司收益回升，至今仍扬名中外。

对于年轻人而言最缺乏的就是耐心，易急躁。就拿买股票来说，都是买了隔两天就卖，来来去去。工作也是如此，稍有不如意就跳槽或转业，只想急于求成。殊不知，耐心才是走对成功之路，并成为成功者的不二法宝。

巴菲特耐心等待时机，然后耐心地等候收益。他认为这种近乎于懒惰的沉稳是他投资风格的基石。如果投资者可以做到始终保持自己的耐心，那么巨大的收益一定会将你的腰包填满。

我在大学进行 SYB（创办我的企业）培训的时候，教授实际创业指导的刘老师给我讲了他的创业经历，让我记忆犹新。

20 世纪 90 年代末，正是电脑刚进入中国市场的时期。那个时候一台电脑的体积很大，都是分开销售零件，像 CPU、硬盘、主机箱、耳麦、鼠标等。很多人看到了这个市场机遇，都投资到销售电脑组件的生意中来。

刘老师也是万人追跑当中的一个，的确也赚了一些钱，可刘老师发现卖电脑的人越来越多，利润越来越少。当时在深圳的他，身上的资金并不多，面对手中差不多四十台滞销的电脑组件非常头疼。

于是，他想到这么多人买电脑，可是真正懂电脑的人并不多，电脑行业的专业者很少，观趋势走向，以后电脑一定会成为人们必需的工作工具或家庭电器用品，那何不开一个电脑培训学校呢？

刘老师将手中仅有的两万元现金投资在了电脑培训学校上，租用了市区中心偏西的一个地方，设备就是自己手中本有的四十台电脑组件，并配备齐全。而刘老师本身也懂电脑，再请了与自己很要好的一个电脑专业朋友来串讲，简直是万事俱备。

可身边很多人都不看好刘老师的举动，甚至那个被聘用的朋友也认为刘老师的投资方法不可取。因为当时并没有什么人要求学习电脑，买电脑的人大多为外资企业，大家都认为电脑不会成为必需的能力素养，更何况刘老师的学费高昂，当时就收取1000元每月的学费，这相当于现在的5000多元。

大家都等着看刘老师的笑话，可刘老师胸有成竹。果不出所料，半年之后刘老师电脑培训学校的生意爆棚，因附近只有这样一家电脑培训学校，而想要培训的人太多，刘老师一直提价还供不应求，其收益更是在不到一年中就翻了十倍。

肥肉出现自然抢食的人就来了。次年，就在刘老师开电脑培训学校的附近新增了4～5个电脑培训学校，这些学校最开始所收的学费略比刘老师的学校低一点点，再加上设备崭新，颇有生源。可是刘老师运用了自己本身的资金足、成本低的实力将其收费一再打压，不到三个月就压倒了三家电脑培训学校。

最后，刘老师将自己的培训学校以两万元的价格出让股份，但自己不经营。至今，这间电脑培训学校都还在深圳，每年会给刘老师邮寄分红。

其实好事都是如此，它往往被岁月沉淀，被大多数人的盲目遮蔽，只有那些有眼光，且能耐心等待的人才能在磨砺之中拂去其上面的尘埃，发现金子。年轻人如若想要有发展就必然不能丢失耐心，切忌浮躁。假如一件事你有绝对的把握，就一定要耐心地等下去。

当然，"好饭不怕迟，好事不怕等"的真理主要建立在一个"好"字的前提下。所以，我们在等待一件事情、坚持一件事情的时候一定要认真分析，有理有据，有一定的把握才能耐心等候。不然，再多的耐心、再多的等候也是徒劳。

看准时机就勇敢下注

巴菲特是一个耐心等待时机的人，他常常花费大量的时间对一只股票进行研究分析。1966年，他看中了白银市场，他了解到白银并不等同于其他金属，其他金属都是通过专门挖掘练就而得，只有白银是采掘其他金属时的副产品，可是它的实用程度在生活之中最为广泛。于是，他直觉白银的价格在不久的将来会有所提升，只要在采掘其他金属时没有了白银这种副产品，白银一定会供不应求，可这需要时机，更需要等待。

这一等就是30年，巴菲特一直关注着国际上白银的供需情况，可没有看到好的时机。终于在1997年的时候，他发现越来越多的人收集银饰，喜爱银质物品胜过金子。于是，他果断买下了超过2.8万吨的白银，成为世界上拥有白银最多的人。不出所料，市场上的银出现了供不应求的情况，银价直线上涨。

巴菲特就是如此不可思议，漫长的等待都不会磨损他对一件事物的看法，也不会让他在等待之中失去耐心盲目投资。他只是客观看着市场，看准时机的时候就勇敢下注。就像一只躲在暗处觅食的猎豹，即使肚子再饿，猎物已经到了离最有把握的距离只有一厘米，他也会先忍住。待到猎物已经成功走入自己有把握猎住的范围，才猛扑而下，一瞬间，猎物就成为其囊中之物。

聪明的投资人都是如此，也许很少出手，可时机一对，瞄准了，就是大手笔。那些因为自我怀疑，或是稍有迟疑而错过最好的交易时机的炒股者非常愚蠢的。要知道，那错失不仅仅是一分一秒，更是一万十万的钞票。

其实，生活之中的成功机遇也同股票交易一样都是限时的，就如同天上一瞬即逝的流星，当你正在考虑要不要许愿时，你早已错失了可以许愿的机会。年轻人做事就是要果断，看中了就要勇敢下注，千万不要犹豫不决。犹豫不决的人只会在离成功只有一步之遥的时候永远背离成功。

巴菲特也有过因为犹豫不决而错失的良机。20世纪90年代的时候，伯克希尔公司本可以认购房利美公司，那是一家联邦住房抵押贷款的机构。巴菲特说，"本来我们可以收购100家储蓄贷款协会，吞并房地美。可是我不知道自己当时干了什么，犹豫之中，竟然错失了这么好的赚钱机会。"

犹豫不决是成功的一个无形杀手，看似不起眼，但其偏偏是成败最关键之处。做过销售的人都知道，当你推销一个产品，由最开始顾客不愿意听，到被你说服，去听你解释，再到问相关的问题时，你已经成功了第一步，可是要顾客买还需要你的努力。在这个阶段，听得最多的就是顾客一句"我会考虑的"，这个时候如果你犹豫着自己还有没有必要继续说服顾客的时候，顾客已经离开了现场。可如果你没有想那么多，而是进一步地介绍产品，更说出生活中用了它的好处，顾客本已踏出的双脚就收了回来，你这笔单就成了。

所以，年轻人不要让犹豫不决成为扼杀你成功的弱点，脑海中将一件事情的过程、结果想象千万遍也不及在行动中去做一件事。正如"汽车大王"亨利·福特所说，犹豫不决往往比错误的行动还要糟糕。

那么，如何才能做到在看准时机时就勇敢下注，而不至于被犹豫不决所耽误呢？

我们要明确一点没有什么选择是错误的。很多时候我们看准了一件事情但迟迟不敢下手，最主要的原因就是我们总觉得选择必定有对错之分，认为正确的选择非常重要，害怕自己做出错误的选择。可事实上，没有什么是绝对错或绝对正确的，最重要的是我们在做出选择之后如何更好地利用它，让自己成功。

真正对的选择是用一颗平常心，遇到什么问题就主动解决问题，而不是一味地担心自己的选择是对或错。

我认识的一个人就是如此。他一直很后悔当初在选择公司的时候没有选择国企而是选择了外企，之后他一直抱怨说这个抉择是错误的。

于是，他就在认定外企工作不稳定，不是好的职业选择，而国企的工作非常稳定，那才是正确的职业观点中悔恨不已，可这也使得他至今都没有找到一个稳定的工作。

俗话说得好，车到山前必有路。不必害怕选择，只要勇敢前行就好，要相信自己。我们在看到机会的时候犹豫不决，只因我们自己都不确定那到底是不是机遇。这个时候，最需要的就是自信。只要相信自己的直觉，就会在诸多顾虑中冲破束缚，大胆向前。因此，我们要时常告诉自己，自己所决定的一定是正确的。

当然，这份信心不能盲目，这就需要我们在看待一件事情的时候一定要眼光准，前期要做好充分准备，对其做好全面分析。明确你需要的价值，与其事物的价值所在，才能够让你在第一时间就能果断地做出决定。

另外很重要的一点就是，不要过于看重他人的看法。事实上，许多人在犹豫不决之时已经做出了自己的抉择，只是考虑到他人的看法就变得犹豫。总是担心自己的选择不会被他人赞同，害怕自己的选择与常人背驰而遭受争议。可成功之路往往都是从颇受争议中走过来的，当你的作为与众不同时，表示你已经具备了成功人的潜质。

这个时候，你只要遵循内心的想法，勇敢迈出步伐，管他人怎么说呢？毕竟，生活是你自己的，成功的道路也要依靠你自己才能走通。机不可失，失不再来，当你对一个事情有了可以成功的依据，直觉告诉你的机会已经来临，请千万不要怀疑自己，犹犹豫豫、期期艾艾，所消磨的不仅仅是你的时光，更是你成功的机会！

集中资源做好一件事

几千年来，大部分人都认同，对于投资最为保险的办法就是"千万不要将鸡蛋放在同一个篮子里面"。因为投资有风险，如果将鸡蛋放在多个篮子里，就能分散投资，以免孤注一掷失败之后造成巨大的损失。

这就是为什么大多数企业家在创业初期不局限自己的产品或服务市场的原因，比如做零件，就做包括汽车、门锁等各方面的零件，也不管自己是否可以做好；比如做销售，销售品种各异不说，销售的范围也是极其广阔，从来不会分地域、根据风俗的不同来进行针对推销……诸如此类，都认为多个投资渠道就多一个成功的机会。殊不知这种做法往往会使得自己什么事情都干不好，企业越是如此发展就越容易掉入"自杀"式的陷阱。

不把鸡蛋放在同一篮子里，看起来很保险，当其中有一个篮子的鸡蛋被翻倒的时候，其他篮子的鸡蛋都是安然无恙的，损失的只是一篮子的鸡蛋。事实真是如此吗？从反面去想：假如有一个篮子获得了可以获得双倍鸡蛋的机会，当你选择将所拥有的十个鸡蛋分放在五个篮子里时，你只能额外收获两个鸡蛋，由开始的十个变成十二个；但是，当你选择将十个鸡蛋都放在同一个篮子里，你额外收入的将是十个鸡蛋。

由此可见，不把鸡蛋放在同一个篮子里比把鸡蛋放在同一个篮子里风险更大，损失更多。要知道，在现实生活中"一个篮子可以获得双倍鸡蛋收益"的机会是极其稀缺的，几乎没有谁可以等到每个篮子都有获得额外收益的机会。

传统智慧中以保险起见，告诉人们千万不要把所有的鸡蛋放在一个篮子里，被我们奉为圭臬，可是在实际运营之中它会成为一个谬论。

早在1885年，安德鲁·卡内基就说过，"要把所有的鸡蛋都放在一个篮子里，你才能集中精力去看好这个篮子"，而他更是用实际行动证明了这个道理。他在美国工业史上画下辉煌一笔，征服钢铁世界，成为美国最大的钢铁制造商，跃居世界首富，又在过世之后将所有财产捐给慈善事业，成为许多人心中的楷模。

成功即是专注，成功的人往往都讲究定位专一。巴菲特也说过："'不要把所有鸡蛋放在同一个篮子里'是错误的，投资应该像马克·吐温建议的那样，'把所有鸡蛋放在同一篮子里，然后小心地看好它'。"

他总是在成千上万的公司中选择几家优秀的进行分析研究，然后注资。由于集中的项目很少，他可以花很多时间来研究一个公司，分析该公司的赢利情况，有形资产与无形资产的价值，最后进一步确定评估的正确性。

巴菲特曾这样忠告投资人："如果你对投资略知一二，并能了解企业的经营状况，那么选5家左右价格合理且具有长期竞争优势的公司进行投资是最好的，而那些传统意义的多元化投资对人们来说并没有很大的意义。"

集中精力不仅仅在投资股票上有效用，更是年轻人在投资公司、创办企业上不可忽视的"宝剑"。现今，全球的经济已经从多元化模式走向了一体化模式，每个公司的目标都是将自己的产品做到精通，做成专家，让人不可替代。所以，年轻人不论是替自己工作所在的公司推出一个品牌或是在自己创业的时候，都不要去问市场究竟会有多大，消费群体会不会太窄小等类似的问题。因为这种问题本身就有答案，如果消费市场很大，消费群体巨多，竞争必定剧烈先不说，其市场发展也一定到了成熟的阶段，要知道，能看到商机的人绝对不止你一个。反而是那些看起来很小，但非常有发展潜力的市场，集中投资才会有成效。

其实，20世纪80年代末的美国企业曾经纷纷陷入过多元化投资的陷阱。有的公司本是做电子产品销售的，看到房地产有利可图就将注意力转移到房地产，等房地产滞销，看到珠宝行业景气又斥巨资投资珠宝，到最后没有收益不说，还将自己的现金套死，导致公司没法运营。

为此，定位理论创始人里斯撰写了一本管理书籍叫做《聚焦》，被称为"管理史上的加农炮"。书中主要说明的核心观念就是集中资源的力量最为强大，也最易获胜。

相信大家小时候都做过这样的实验：选择一个晴朗的天气，最好是艳阳高照，将一张纸涂黑，然后拿一个放大镜，选择合适位置放在纸上方。此时，放大镜的凸透镜片会将太阳光折射成一点到黑色的纸上，不出五分钟，黑纸就会燃烧起来。这个实验就叫做光的聚焦。

医学上更是利用这个物理原理，发明了激光，利用弱能源的聚焦，可以在钻石上打洞或者切割肿瘤。看，这就是集中资源的力量！

可见，我们在做任何事情之前一定要有正确的定位，之后紧紧围绕着自己的定位做文章。不要过于贪婪，什么消费对象都想囊括，什么专业都想涉足。很多时候，只有你舍弃一些东西才能得到你的品牌效应。

"万宝路"大家都知道这是男士香烟，"520"这是女性香烟，正是他们放弃了单性客户，只针对性别来销售才得到了世界男人或是女人的认可。

只有专一才能打造"专家"的身份，像佳能就是相机的代名词；可口可乐一听大家都知道是饮料；白沙如果去做手套就没有那么火；绿箭去造汽车就一定不会兴旺。万事我们都要懂得聚焦，学会把自己拥有的鸡蛋都放在一个篮子里，然后专心研究一个篮子，而不是所有篮子。

当然，把鸡蛋放在一篮子里，要想鸡蛋没有被打烂的风险，就必须保证篮子的质量是安全的。这就需要我们在对一件事情做评估时一定要细心考量，万万不能敷衍了事。

行为上不盲目跟随

一位石油大亨死后去了天堂，他很想留在天堂，可是他发现天堂人来人往，没有任何多余的位置。此刻，他灵机一动，大喊一声："地狱里发现石油啦！"

这一喊十分奏效，天堂里的所有人都纷纷朝地狱跑去，很快，天堂里就只剩下那位石油大亨了。这时，石油大亨心里就想，大家都跑去地狱，万一真的发现了石油怎么办？于是，他也急匆匆地朝地狱跑去。

结果可想而知，根本就没有什么石油，有的只是来自地狱的痛苦。幽默之余，反映的更是一种现状。

现实生活中总有石油大亨的扮演者，更有类似天堂人的盲目追随者。很多人已经习惯了"多数人的做法一定正确"的思维模式，当受到外界人群行为影响的时候，在不知不觉中其判断、认识、选择等表现上都会符合大众舆论或多数人的行为方式。从不分析，也不顾事情有多么不符合常理，就直接选择随大流走，2011 年在中国各地发生的"抢盐事件"就是一个写照。

2011 年 3 月 15 日，日本核电站发生泄漏事故，伴之而来的还有日本核辐射会污染海水导致以后生产的盐都无法食用，而吃含碘的食用盐可防核辐射的谣言。以至于，从 3 月 16 日起，中国各地爆发了市民抢购食盐的"盛况"，超市销售一空。也因此，食盐的价格由最开始的 1.5 元、2 元涨价到 5 元、10 元，甚至 20 元不等。

"今天你买盐了吗""多买点盐才好""都涨了还不买会涨更多""货架空了"……此类对话是我们在那一天听得最多的，仿佛全中国的家庭主妇们都在排队买盐，生怕自己成为无盐可用的人。

有人为了健康着想，有人是未雨绸缪，于是，在虚构中才会有的寓言场景出现了，管他三七二十一，先把盐抢到手再说。最后还是政府出面担保才平息了这场风波。

以前SARS时抢的是醋，"甲流"时抢的是板蓝根，不知道以后还会抢什么呢？这种社会性的行为盲目跟随的情况引起的混乱不安真是让人心有余悸。

人的好奇心与认同大部分就不会出错的安全倾向使很多人容易掉入人云亦云的陷阱。这也就是为什么一件事情只要"炒"起来了就能"热"的原因。这种随波逐流到盲目的情形实际上是一种不健康的心理，也是失败者的共性。

历史上的成功者往往是那些特立独行的人，当人人都在做某件事的时候，他会通过冷静分析，做出不同的决断。

在投资领域，巴菲特就是这样一个反其道者而行之的人。他投资可口可乐与华盛顿邮报的时候，这两家公司都因为经营管理上出现了问题，导致股票大跌，公司陷入困境。很多人都不看好，认为这两家公司已经临近被时代淘汰的边缘，抛出手中的股票都来不及，就更不用说关注了。可巴菲特就没有随众，他不但关注这两家公司，还在其最困难的时候注资，帮助他们解决问题。结果显而易见，巴菲特至今仍持有这两家股份，获得了丰厚的利润。

后来，每每人们询问他，为什么当初在投资这两家公司上那么斩钉截铁时，他回答说："我一直都是可口可乐的追随者，很小就贩卖可口可乐，至今每天都离不开可口可乐，而我曾也作为送报员在华盛顿邮报工作过。这两家公司都给我留下了很深而且很好的印象，所以无论别人怎么做，我的直觉告诉我，他们值得投资。"

其实，在巴菲特的投资之路上有无数类似的行为，也因此常常遭到周边人的质疑甚至斥责，认为他这是对股东不负责任，拿着别人的钱冒险。

这个时候，巴菲特往往选择沉默，在他看来，未来的丰盛的回报才是最好的解释。

巴菲特这样告诫投资者，要想得到最好的超出平均水平的机会，就必须愿意与大众背道而驰，必须不加入盲目大众的自杀行动。

同样，年轻人想要成功，在行动之时万万不可盲从，要学会在嘈杂之中理性分析。

首先就要清楚别人为什么都会那样做。其次是要明白自己寻找的是什么。当清楚他人为何行动一致的时候，你就可以区分这种跟随是好还是坏。消极的跟随只会抑制个性，扼杀创造力，也会让你在毫无主见中丢失许多成功的机会。

因此，你要极力克制消极跟随，努力提高自己明辨是非的能力，敢于与大众的行为背驰，与众不同。只有这样，你才能做到在处理任何事情的时候不盲从，闯出一片属于你自己独特的天地。

不要模仿，要独立思考

《中国好声音》是2012年非常红火的一个励志型音乐选秀节目。

其与众不同之处在于，它不是以选手在台上表演，评委在台下评审，最后选出冠亚军的形式进行，而是先由刘欢、那英、庾澄庆、杨坤四位当今华语乐坛的一线巨星背对舞台听台上的选手唱歌，假如他们觉得这是一个好声音就选择转过来，觉得还不够好就可以不选择。之后，就是选手反选拜师的环节。

这样不仅大大避免了因选手的外貌所引起的评审视觉加分或减分的情况，而且更显公正与公平，只致力于选拔、搜索出最好的声音。

每季每期的选手都很有实力，我常常被选手们的歌声所震撼，那一段又一段打动人心的音律从一个个非常平凡的人口中唱出来，让我觉得原来在中国的各个角落里还有这么多天籁之声的存在。其中有一个选手的表演更是让我受益匪浅。

第二季中有个女孩很喜欢那英，唱的正是那英的歌曲。她一张嘴，所有的人都惊讶了，因为简直唱得与那英一模一样，连那英都说，自己都快分不清楚了。与那英唱得一模一样应该是相当有实力的，要知道这么多年来那英在歌坛都是实力唱将，可是，没有一位评委为这位选手转过来。最后，评委送给她一句话：真正的好声音不是模仿出来的。

在歌坛，人们模仿一个好声音是为了像被模仿的人那样成功，可这个世界上没有被模仿出来的成功。就好比一个人模仿周杰伦，就算他模仿得再像，别人也只会赞扬一句，"你模仿得真像！"而不是"你真行！"或是"你真棒！"别人更不会因为他模仿得像周杰伦而承认他是成功的，从此记住他本人。

很多时候我们听到很多成功人的励志演讲，看过成功学的著名逻辑，都在说"模仿成功者就能成功"。

这让许多年轻人误认为，当你喜欢一件事物的时候可以像比尔·盖茨那样不念完哈佛就回家自学，不管家里的境况，不管你对感兴趣事情所拥有的能力程度；当你看准一个商机的时候可以像李嘉诚那样借钱来创业，不管你到底有没有人脉，不管所谓商机是否迎合时代；当你突发奇想地要做一件事情的时候可以像史泰龙那样不顾一切地去做，不管你有没有相关的基础，不管你适不适合……

可事实上呢？比尔·盖茨之所以不念完哈佛就回家自学电脑是因为当时哈佛没有计算机系，而痴迷于编程的他已经是当时数一数二的编程员之一，再加上他家境允许，适合他自主学习与创业；李嘉诚的确是白手起家，通过自己的勤奋与努力成为香港首富，可他在创业初期有一个钟表大亨的舅父，后来成为他的岳父在帮助他，而且他拼搏在塑料市场刚兴起的1950年；史泰龙也并非在什么都不想做的时候才去当演员，他学生时代更不是靠"混日子"过的，编剧与演戏一直都是他喜爱的行业。试想，这些拥有内在或外在的因素，拥有天时地利人和的成功能够模仿得来吗？

说模仿成功者就能成功就好比一个人对着一群动物说，只要保持独立行走就一定能进化成人的模样。所以，年轻人要成功就不能靠模仿。每个人都有每个人的际遇，每个人都有每个人的不同本性，特别是在成功这条路上，很多东西也无法模仿。我们一定要有自己独立的思维，在成功者身上学习如何成功的精神或方法才是王道！

众所周知，格雷厄姆是巴菲特的老师，他的价值投资观念的确给许多投资者带来了启发，可为什么他教授过那么多学生，只出了一个像巴菲特这样的世界首富呢？难道其他学生都没有认真学习，深悟其精髓吗？

当然不是，这其中最主要的原因是巴菲特在学习格雷厄姆的证券投资思想之时，自己也从未停止过思考。他通过自己的实战经验，否定了格雷厄姆投资便宜股，捡拾"雪茄烟蒂"的理论，将"平等评估所持股票公司"的方法引用到了自己的证券投资中来。他更是根据自己的实际操作，确定所评估公司的重点之处。他甚至避免自己像父亲霍德华所开设的证券投资公司那样，不是对股市进行分析，而是专注于所持股票公司的年报表与其运营情况。

成功的路不能复制，我们不能总盯着成功人如何成功的那段经历，然后模仿，自以为是地造就"成功"。很多时候，我们应该多找找别人失败的原因，正如阿里巴巴的集团主席马云所说："成功的原因有千千万万，可失败的原因只有一两点，只要我们能避免失败的一两点就一定能走近成功。"

真正的成功学是用心去感受，依靠自己独立思考而得来的。平时再慵懒、再困难，我们都不能丧失独立思考的能力。这就要求我们在平日里要勤于思考，强迫自己对一个事物要从多个角度去分析、看待，每天都花费半小时来思考一天的所作所为，或是遇到的各种人、事、物，以此，培养自己发现的能力。

很多人一碰到为什么就喜欢向别人寻求答案，遇到困难就依赖性地找父母、老师或是恋人解决，这都是不利于形成独立思维的习惯。一定要阻止自己向他人求助，学会独立解决。而要做到这一点，就需要我们多学习，增长自己的见识，拓宽自己的阅历，让脑海中形成系统性的资料存储，才能在第一时间理清事情的来龙去脉，形成自己的观点。我们还可以利用在公共场合多发言或是主动与人交流来培养自己独立思考的习惯。积极发挥自己的创造力，养成有逻辑、有思维的表达习惯。

坐得住也是一种特长

有个快毕业的大学生婷婷抱怨前去应聘的公司有点变态。原来，她去了一家国内比较大的连锁企业应聘董事长助理，从初试到复试，她的表现很不错，最后企业决定就在她与另一个女生中选择一个。

两人被引进董事长办公室，自我介绍之后，董事长仔细看完了她俩应聘时的各级评分表，只问了一个问题，"现在给你一张椅子，你能坐多久？"

婷婷本就是一个开朗活泼的人，动如脱兔，要她安静地坐下来是最难的事情。于是，她想也没想就回答说，"我是一个坐不住的人，宁愿多做更多事情，我也不愿意多坐十分钟。"而另一个女生则回答说可以静坐一小时以上。

最后，董事长选择了另一个女生，婷婷落选，让她觉得莫名其妙。

为什么一个企业要凭借坐得住和坐不住这种小事情来决定是否聘用一个人呢？

其实，坐不坐得住是一个人心态的试金石。坐不住的人往往显得浮躁，时刻需要跑来跑去以充实心中的不安，没有找到生活中的静态之美，自然难以静下来用心去生活。这类型的人更是在碰到突发事件的时候容易慌张，而做出不明智的决断。

坐得住是一种特长，平时我们学习、开会、交流都需要坐下来才能够进行。一个坐得住的人必定是一个能静下来观察生活，思考周边的人或事的人，而这样一个"有心"生活的人，生活一定不会过得太坏。

古今中外许多思想家、战略家、科学家都有"坐得住"的经历，马克思因为坐得住，才有了《资本论》；钱学森因为坐得住，才有了一个个技术难关的破解，造出原子弹，帮助我国在国际上立足；列宁因为坐得住，才有了《帝国主义是资本主义的最高阶段》。

《大学》中说："静而后能安，安而后能虑，虑而后能得。"也只有坐下来才能帮助我们静心思考，反省，然后不断进步。坐得住，需要时间与耐心的修炼，也需要思想与精神的顿悟。它是一种克制与坚守，是一种品质与修养。结合一句现代非常露骨的话来说，"坐得住"的精神就是耐得住寂寞，挡得住诱惑，坐得住板凳。

"坐"与"动"是相辅相成的，可又相斥。每个人的行为都是动静结合的，只是人在动的时候就难以坐稳，而人坐稳了就不呈动态。固然有的时候我们需要"动"来跑市场，跑现场、跑一线，但是，跑过之后最重要的是坐下来，埋头苦学而不是心浮气躁，精益求精而不是浅尝辄止，只有这样才能掌握真本领。

著名科学家尤比契夫在一次照相中，对照相者开玩笑，要照相不应该照脸，而应该照屁股。只因在尤比契夫看来，他会取得成功，并不是因为脸蛋好，而是因为屁股"坐得住"。

巴菲特也说过太多数人坐不住，喜欢跑来跑去，可实际上盲目地跑来跑去，跑不出什么成绩，坐得住反倒是一种本领。他总是花大量的时间坐在办公室，或是书房里，研究年报与持有股票公司的资料，几乎很少进行娱乐活动，他在这些看似简单、枯燥的重复、静态的行为中收获了乐趣，还有附加的亿万财富。

而现实生活中的许多年轻人都是坐不住的人。白天忙于工作，晚上忙于应酬，下班还没有到饭点已有饭局，周末就更不用说了，一个月的行程都已排满，几乎没有任何读书学习、独立思考的时间。当有这样的机会时，也会耐不住寂寞去找人陪伴。这样又怎么会有进步？怎么能够成功呢？

坐得住可以让你重新认识自己，认识世界。所以，请你先停下手中的事物，静坐一刻钟，不发呆、不听歌，也不做白日梦，试着让千丝万缕的思绪都安定下来，使之与周边的环境以及你本身结合，达到真正的放空。这个时候的你"空空如也"，却是解决最困难事情的最佳时期。

科学家做过实验，发现人在最亢奋的情绪中只能解决最简单的问题，人只有在最平静、心绪最沉着、稳定的时候才能吸收、加工、处理好各种信息。乔布斯就是在静坐参禅中，作出最受市场欢迎的新产品。

年轻人一定要让自己养成"坐得住"的习惯，当你发现自己能坐上一小时，甚至更多的时间而无任何痛苦的时候，就表示你已经由不成熟走向了成熟。

做事之前计算成本和获得

昨天，接到了一个很久没有联系的学生打来的电话，我们聊了很多，当聊到接下来有什么计划的时候，她说出了一件让她纠结半年的事情。

去年，学生想考北大的研究生，但还差三分落选，今年她本打算再考，可是2月份应聘的时候有一家很好的单位聘用了她，要她国庆之后去上班。是继续考研？还是安心去工作呢？

考吧，又怕考不上浪费了工作机会，去工作不考研，又感觉所学的专业需要这样一个深造的机会。为此，她不断权衡，六个月也没有下定决心。就询问我，如果是我会怎么办。

我问她，"当初考研总共花了多少时间来学习？"

她说，去年考研是在九月份开始备考，次年一月份考试，总共花了四个半月的时间。其中，每天学习时间是四个小时，倒数第二周的时候突击，每天花费了18个小时学习。

这样算来，她考研差三分的成本是：$4 \times 30 \times 4 + 18 \times 7 = 606$（小时）。

假如她纠结的半年，每天出去正常工作或学习的时间，总会有四个小时去想这件事情，一共六个月，这其中她所花费的成本约720个小时，远远多过了她用来考研的成本。

所以，何不最开始就准备考研呢？考上了更好，没考上也可以在学习过程中积累了很多知识，不论怎么算都是不亏损的，而无谓的纠结除了让人更加不想也不敢迈步以外，更是一种成本的埋没！

可年轻人往往在做事情之前都不会去计算成本，或是过于犹豫不决，使得埋没成本增大，或是过于急躁，完全忽略了成本计算，最后只会得不偿失。

巴菲特从来不会做亏损的事情。他在进行每次投资之前，一方面会计算好所持股票公司的净资产，包括有形资产与无形资产。然后根据其年报估算出未来五年或是十年该公司的盈利额，从而，估算出股票的价值。再根据购买的价格与其预算后会涨的价格相比较，考虑此刻是否是买入的最佳时机，一定要争取最高的差价才会出手。

另一方面，巴菲特在计算好股票的涨幅度之后，也会将等待涨幅所需要的时间成本计算其中，以保证自己不出现因等待现金丢失了更好投资机会的无形折损。

不仅在投资中如此，在平时生活中，巴菲特也是一个会随时根据计算成本与收获来决定自己要不要行动的人。

前面也说过巴菲特打高尔夫球，但与朋友打一个 10 美元的赌都是他不愿意的。其实，巴菲特并非不愿意，只是他通过计算，发现这个赌博看似他的胜算很大，只要球在三杆进洞一个就有 1000 美元，输了只要付出 10 美元的代价，可事实上，巴菲特打高尔夫球的进球率只有 1/5，所以这 10 美元是必输的。那么，为什么还要答应玩这样一个必会亏损的游戏呢？

在成功人的脑袋中都有这样一个计算机，随时计算所做事情的成本与收获，如果成正比他们就不会去做，只有收入高出成本他们才会动手。这也就导致人们总觉得"有钱人最吝啬"的原因。

有一次，比尔·盖茨开车与他的朋友去希尔顿饭店吃饭，饭店的生意本身就火热，普通的停车场是 2 美元一小时，而贵宾车位要 10 美元一小时。因为普通停车场看起来已经停满了，而旁边的贵宾车位却空了不少，朋友就建议比尔·盖茨把车停到贵宾车位。可比尔·盖茨则认为，都是停车，贵宾车位也并不比普通车位多出任何服务，所以何必要浪费 8 美元呢？最后，比尔·盖茨坚持找到了一个普通车位停下来。

这其实也就是为什么成功人会成功，有钱人会有钱的原因。主要在于他们无论在什么情境，遇到什么事情都会计算成本、估量得失，做到了在该"吝啬"的时候绝不浪费一分，该慷慨的时候从来都不会克扣。

年轻人要学会在做任何事情之前都有计算，用具体的数字来考究做事的成本与收获，以此判断出自己如何抉择，或要不要做这件事情。

而成本包括一些什么呢？从文章开始的实例我们可以看出对于生活中所做的事情，我们要计算的成本主要包括在各阶段所花费时间，以及各个细节中所需要的费用。而对于职场上，你想创业，做份小生意，或是开创一个公司，需要计算的成本就更加多了。从大的方面来说，主要包括三点：

第一，固定成本。也就是在企业运营之中一成不变的显见成本。包括租金、办理营业执照的费用、保险费用等。

第二，可变成本。这个是随着生产或销售的起伏而变化的企业成本，它所包括的内容比较广阔，有原料、原料、燃料、辅助材料、工资和职工福利、维修、办公文具和邮费、广告、电话费、咨询费等。这些成本是随着销售的增长而不断变化的。

146

第三，折旧成本。这个是人们最容易忽视的一项成本，是一种特殊的隐性成本。

举个例子说，假如你想开一个卖羊肉面的餐馆，需要哪些成本呢？固定成本是房屋租金、保险、营业执照花费；可变成本有羊肉、原料、煤气费、调料、厨师和服务员工资、办公费、电话费、维修费等；折旧成本为冰箱、空调、厨具、桌凳的磨损费，以及平时的装修费。

假若你在计算的时候心存疑惑，宁可高估前期的投资成本，低估销售额，甚至可让数字加倍，才会得到一个实际的数字。

如此一来，作为一个餐馆的创办者你就可以知道自己的创办成本，然后预计盈利，从而决定你是否行动；作为一个消费者你更是可以看到你所购买的东西到底值不值当前的价钱，老板有没有占你的便宜。

能放能收才是大本事

放过风筝的人都知道，风筝是在由竹篾做成的骨架上糊纸，再把长线系在上面而完成，人们趁着风势可以将其放上天空，一拉一松，松紧有度，风筝就会越飞越高，且不会因为风力太大，自身太过薄弱而被摧毁。

这就蕴含了能放能收的哲理。人在处事之时应当像放风筝一样，敢于放飞，找到自己的高度，可当阴雨天来临的时候就要懂得收紧。只有这样，你在第二天才有机会继续放风筝，而不是在看到阴天来的时候，贪恋天空的美色，享受放飞的高度，而错过了收线的时机，最后只能失去高飞的资本。成大事之人往往都是能收能放者。

如果你稍微留意就会发现几乎所有的电脑上都有 Intel inside 的标志，因为商家知道，只有贴了这个标志，才能够增加商品的价值，让顾客信服电脑有高速运转和稳定的功效。这个标志就代表英特尔，全世界最好的中央处理器（CPU）的生产家。英特尔本身的创始人就是由半导体方面三名杰出的科学家所创办，戈登·摩尔与安迪·葛洛夫是其中之二。

其实，最开始英特尔主营的是存储器，并且成为世界上最大的存储器制造商。从 1968 年开始，它的收益都来源于存储器带来的丰厚利润。可是，在 1980 年，日本公司的存储器兴起，且较之英特尔更胜一筹，使得英特尔在 1985 年之后的连续六个季度中收益直降。

摩尔作为董事长，葛洛夫作为首席运营官，面对这样的困境都显得十分消沉。英特尔经营近二十年，竟面临淘汰，这实在让两人难以接受。经过半个月的思考，两人进行了一次深谈。葛洛夫问摩尔，假如我们都下台了，有人来接任英特尔，你觉得新上任的人会如何让英特尔继续生存下去呢？

沉思良久，摩尔的回答是放弃存储器的生意。可是，要他们完全放弃英特尔起家的存储器生意，相当于放弃了他们苦苦经营了20年的公司与品牌，也放弃了他们当时的身份，这该是一个多大的挑战！

但既然没有坚持下去获胜的希望，为什么不放弃呢？深思熟虑之后两人顶着巨大的压力，放下了英特尔曾引以为豪的存储器制造，投身于芯片的研发。功夫不负有心人，他们最终成功开拓了芯片市场，并做到了行业内的无法超越，赢得了芯片的霸权，成为了世界上最大的半导体企业。

中国有句古语，叫能伸能屈大丈夫。就好比你过门，门框比你高的时候你可以挺着胸走，当门框很矮时，你再抬头只会让脑袋被撞疼。在职场上想要成功也是如此，一定要做到能收能放，才能做到在最佳的时期投入，风险阶段时退出。

一个能收能放的人还有什么过不去，还有什么达不到呢？巴菲特也正是运用这种精神在证券投资市场游刃有余的。他常常说，"买进靠耐心，卖出靠决心。"

1984年，巴菲特因自己对传媒本身的兴趣与了解，买入了大都会美国广播公司的股票，不久还大量增持，当时他向外界告知伯克希尔一定会永久持有美国广播公司的股票。可在他持股十年之后，美国广播公司被迪士尼公司收购，巴菲特感觉到该公司的实质价值已贬值，虽然很舍不得卖掉自己很喜爱也很认可，并且打了十年交道的传媒公司，但是计算到成本与收入落差，他在一年之中就坚决卖掉了手中所有美国广播公司的股票。

巴菲特就是如此，他从来不会顾忌他人之言，在该值得买的时候买入，在该卖出的时候放手。如何做到值得的买入在前面我们已经说过很多，这里就着重说卖出，因为在投资市场上，很多时候收入容易，而适当的放手更容易错失就显得更难。

巴菲特在卖出股票上所遵从的规则基本是效仿于其导师格雷厄姆的方法。你在买进一只股票时就一定要估算出它的实质价值。比如你买进一只股票为 15 美元，你通过各种研究分析出它的实质价值约为 30~40 美元。而当股票已经涨到 30 美元的时候，你就应该立即脱手，千万不要为了那 10 美元的可能增值空间而选择继续等待，其结果可能是血本无归。

当然，巴菲特发现仅用这种方式无法真正解决实质价值的问题，所以巴菲特更偏向于选用那些在实质价值评估之时从未达到预估的股票，作为长期持有。可是，他也规定了在长期持有之中自己会决断卖出股票的原则。那就是：

1. 当投资对象不符合标准时，比如他出售迪斯尼的股票。

2. 当所预料的事情发生变故时，比如他在高估了能源价格之后，果断抛售了康菲石油公司股票。

3. 当投资目标在预期内没有回升时，也就是所持股票的公司没有在预计的时间内回升而有所收益。

4. 当自己意识到这是一个错误时，这就依靠平时的知识积累，对市场的敏感程度了。

这样一个过程，需要谨慎买进之后还能果断卖出，由不得半点犹豫。股市交易时间有限，当你错过了卖出手中的股票的最佳时机，你的损失一定惨不忍睹。

华尔街曾有句这样的名言来描述证券市场，"股市在绝望中落低，在悲观中诞生，在欢乐中拉抬，在疯狂中消失。"这其实适用于任何一个地方。

工作本身就是一种投资，特别是类似于创业这种显现的投资。很多企业都是由无人知无人晓，然后做到了家喻户晓的高峰，可往往在太过欢乐的时候，领导者容易忘记底线，疯狂之后多为失败，直至无音讯。

年轻人在做事情的时候要懂得收放自如，保守投资，也要保守收益。时刻冷静，知道自己处在哪个位置，目标到底什么，离最高评估值近不近，如此，在时机成熟的时候就迅速出手，等待时机逐渐消逝，主流显现，就应该毫不贪恋地收回。只有这样，才能以最低的成本获得最高的收益，做到保险买入，保险卖出。

小兵也要有元帅胸怀

　　毕业十年的纪念日，昔日同窗齐聚一堂，说起话来却有些尴尬。有的是商人，有的是政客，有的是老师，有的是家庭主妇……参差中本就有隔行如隔山的差距，再加上各行各业中成就又有高低，能说到一起的话就少了。后来，大家索性都分开聊天。这让我发现一件很有意思的事情。

　　那些领导者与高管讨论的都是国家政策与时事新闻；小有成就的商人与小头领在说最新的股市走向、行业趋势等，当然其中还不忘互相夸耀；"打工族"多是评判公司作为、老板作风；家庭妇女唠叨的就都是孩子琐碎、丈夫好坏了。

　　他们说话的内容竟都与他们的身份匹配，高官们在领导层，眼界放在全局与发展之上，胸襟广阔，格局大，所以说话大气，他们的成就也最大；商人与小头领小有成就，格局有限，比较短视，说出的话显然少了份霸气；"打工族"站的位置更低一等，关注的只是身边琐碎，格局更小，话语自然沦落到小气的境地，与他们的成就也是对等的；家庭主妇就更不用说了，言语之间都是围绕家庭转着，没有什么见地。

　　说话是一个人内的外在表达，所以我们常常可以通过谈话的内容去猜测一个人身份地位的高低。其囊括的格局与胸襟，会让人明了为什么当年在同一个教室上课的人，十年过后会有这么大的差距。而他们所养成的这种讨论话题的习惯，一方面是受正在其位的影响，另一方面在打拼初期的时候就已有雏形。也由此可见，一个人是否能成功就要看他的格局，或是胸怀的空间能有多大，换句话说就是，一个小人物能否成为大人物就要看他的胸怀有多宽广。

曾任 Google、微软全球副总裁，2009 年创办了创新工场任董事长兼首席执行官的李开复说过一句话："胸宽则能容，能容则众归，众归则才聚，才聚则业兴。"也就是说，胸宽的人才能得到众人的帮助，获得好的成就。一个有胸怀的人，不会鼠目寸光、急功近利。他们能容人、容事，所以被人尊重。这样的人不论处于什么样的位置，都会自觉地站在全局的、未来的角度去看现在，然后依据看到的制定可行性的计划，并积极行动。

就比如你在一个公司上班，担任的是行政部的助理，一个有胸怀的人就会尽心尽力辅助主管做好事情，在做任何事情之前都会站在主管的角度去思考，去分析，特别是当遇到公司有什么行政上的紧急情况时，更会一遍又一遍地问自己，假如我是主管我会怎么办？而不是只拘于拿多少钱办多少事的思想，事情发生的时候只想全力保住自己的职位，或是以狭隘之心对待主管的有功可得。他会一心帮助主管升迁升职，空出职位来才能促使自身更上一层楼，不是么？

151

伟大的政治天才与军事巨人拿破仑说过一句话："不想当将军的士兵不是好士兵。"他并不是说在军队中要所有士兵都往上爬，来争夺将军的位置，他只是想要告诉士兵们，在你还是一个小人物的时候就应该有将军似的大胸怀，在未来才会成为一名真正的大人物。

周恩来在 12 岁时还只是一个潜心读书的小毛孩。开学伊始，沈阳东关模范学校魏校长问同学们读书是为了什么？

于是有人回答说："是为了家父读书。"有人回答："为明礼而读书。"也有人说："为光耀门楣而读书。"

当魏校长点名要周恩来回答时，坐在后排的周恩来站起来，庄重地回答："为中华之崛起而读书。"最终，周恩来的一生都在为共产主义事业，中国的强大与和谐而奋斗，他的功勋卓越、胸怀宽广、人格光辉，享誉古今中外。

胸怀宽广的人总有崇高的理想，而为了崇高的理想去奋斗，他们会不惜当下的艰苦，只要能看到自己离目标越来越近，他们就会很开心。

2007 年中国教育中年度新闻人物于丹在其《论语》心得里有这么一个故事。

有一天，一个宗教改革家路过一个烈日炎炎下巨大的工地，所有人都在汗流浃背地搬砖。

他去问第一个人："你在干什么呢？"

那个人没好气地告诉他，你看不见啊，我这不是服苦役——搬砖吗？

他又拿着这个问题去问第二个人。这个人的态度比第一个人要平和很多，他先把手里的砖码齐，看了看说："我在砌一堵墙啊。"

他又去问第三个人。那个人脸上一直有一种祥和的光彩，他把手里的砖放下，抬头擦了一把汗，很骄傲地跟这个人说："你是在问我吗？我在盖一座教堂啊。"

三个人做同一件事情却有着不同的态度，第三个怀揣着远大的理想，站得高，看得远，胸怀之大自然会忽略脚下的辛苦，最终就会在快乐之中达到自己的目标。而其他两人所看到的东西相对窄狭，特别是第一人，只关注自己在做事情中的本身情绪，只盯着自己的脚看，当然难成大器。

152 巴菲特也是在 15 岁时就立志要在 30 岁之前成为百万富翁的。那时候的他家境并不富裕，父亲也只是证券投资领域的一个小人物，可他在还是一个不起眼的孩子时就确定了自己的雄心。在往后的十几年里，他一直都坚持学习投资知识，更是为了提高自己的投资能力孜孜不倦。他一直保持着"要成为富翁"的激情，并且乐在其中，最后成就了"股神"的传奇。

"世界上最宽阔的是海洋，比海洋更宽阔的是天空，比天空更宽阔的是人的胸怀"，这是雨果说过的话。的确，人的胸怀大了，看的东西远了，能得到的东西自然也多，成功也就唾手可得。而一个胸怀宽广的人的基本标志，用一句通俗的话来说，就是容得下不顺眼的人、听得进不顺耳的话、装得下不顺心的事。

年轻人要成功，就应当在还是个小兵的时候就追求元帅的宽广胸怀，在有容忍之心的同时要学会积极地站在领导的角度去思考问题，培养自己的全局观。更是要树立目标，让远大的理想成为你不计较当下任何愁苦的动力。

在头脑中建立文件夹

不知你是不是同我一样，平时用电脑，习惯了将网上看到的有用的信息都储存起来，但由于想省去之后查找的麻烦，就随意存放。久而久之，电脑里的信息越来越多，很多保存过长的信息内容就会被遗忘，有印象的也找不到储存在哪里，更是少有闲暇时光进行大量清理。直至一天在实际运用中需要某些信息的时候又不得不去网络上重新搜索，这个时候，才后悔自己为什么当初在储存的时候没有放在一个适合的文件夹里？或者，在有空的时候把电脑中的信息理顺呢？这样做，不仅浪费了重复寻找信息将其储存下来的时间，又容易错过最好最实用的信息。

电脑似人脑，电脑如此，人脑更是如此。实际上，人脑是一张比电脑更强大的信息网，而人的生活就是依靠大脑信息分类、整合后传送到身体各个部位的活动。可见，一个人头脑中的信息储存状态对其人生的影响是十分重大的。

一个头脑中信息量少，信息内容又杂乱无章的人在遭遇任何事情，与任何人交往的时候，都会因头脑中信息的匮乏而在表述思维上显得毫无逻辑，手足无措。而一个头脑中建立了文件夹，对任何信息都有总结归类的人在碰到任何事情，与任何人交往时，都能及时作出最好的反应，找到最佳的解决办法，且淡定从容，不急不躁。

巴菲特之所以能在证券市场中买卖做到又快、有准，与其建有无数不同类别的文件夹的头脑是分不开的。在日常生活中，凡是有朋友与巴菲特谈到某个绩优企业时，巴菲特就会在第一时间理清楚该公司生产什么产品或提供什么服务，规模有多大，做了什么事，有什么独特之处，会计记录做得好不好，目前盈利值约为多少等。由此，再有依有据地赞同或反对朋友对该企业的观点。

在决定要不要注资或收购一个公司的时候，巴菲特会在他已经建立好的对该公司研究分析的文件夹资料之上，用30秒的时间来估算出以目前的情况该公司要多久才能出现营业额的回升，至少在几年内营业额有大增长。用19秒的时间思量这个价格与其公司的实质价值相比差距多少，此时买入划不划算。然后在第50秒的时候做出决策，决定支持或是不支持该公司。

巴菲特认为一个人大脑的信息储存量是有限的，可广阔且系统性的信息对于一个投资者来说是非常重要的。这也就是为什么他不觉得投资者一定要有超高的智商，而是强调投资者一定要爱学习的原因。那么，如何才能让自己的头脑有建立起文件夹的状态呢？

第一步，获得信息。文件夹由文件组成，个中的文件内容都需要信息，所以，我们在建立起头脑中的文件夹之前要做的就是吸收大量的信息。随着现代经济生活的作用越来越大，信息获得的渠道也越来越广，尤其是人们对信息重要程度的认识越来越普及和深入，信息垄断被打破，大量的信息被人们所共享。

在电脑还未普及之前，我们主要是通过阅读书籍、看报纸、收听广播、观看电视来获得最新的资讯、时政新闻。现在有了互联网，我们更是通过电脑，手机随处上网来获得专业需要或是最新的行业消息。

但是，在获得信息的环节中我们一定要注意信息的质量，不要获取那些对于自己所追寻的事物来说无价值的信息，比如八卦新闻等，这只会干扰你获取价值信息的有效性。

第二步，信息分类。当我们通过多个渠道获得信息之后，就到了将这些信息分门别类的时候了。

信息分类要依据职业的不同而定。如果你所从事的职业类似于投资理财，其信息的获取就是综合性的，各行各业的信息都要有，这时，再将信息按照行业、领域的不同来建立多个文件夹。比如房价调控、地价等相关信息就放在房地产的文件夹中；沐浴液、洗发液、毛巾等就放在日用品的文件夹里……

如果你所从事的职业是类似于医生、养殖等专业性很强的工作，其信息的获取也就多是同一个类别的，这个时候就可以按照专业课程、资讯新闻、各类期刊上的论文研究等来建多个文件夹。

其中专业课程就是关于行业的基础知识，这是立足该行业需要的基本职业素养；资讯新闻就是相关新闻、资讯，主要是该行业的新动态，新趋势、新政策等，这个文件夹的建立有利于帮助我们对该行业的了解能与时俱进；各类期刊上的论文研究主要是指行业内各大学术性的研究分析，这可以使我们进一步地提升专业水平，有更多的专业造诣。

还可以在大脑中建立一个关于自我想法，学习心得等，这样才有助于我们创造性地工作。

第三步，储存信息。也就是增加大脑的记忆功能。

这就要求我们在平时获取信息、分类信息的时候多记忆、反思、总结，平时定期清理文件夹，将过时的信息清理，注入新的有用的信息，这样才有利于对信息的储存，在头脑中建立起有秩序的文件夹。

第六章

别让自己一个人去战斗

　　巴菲特是一个英雄，但他不是一个孤独的英雄。他的成功，离不开工作伙伴的共同努力、股东客户的信任、亲人的鼓励；他有今天的声誉，也离不开大众的支持。因为他深知一个人建立不了整个世界，所以，在生活中他平易近人，对朋友坦诚，正直又不乏幽默；在工作中，他和有感情的人一起工作，忠于自己的合作伙伴；在家庭中，他的财富只为了让妻子过得更舒适，爱护并且尊重子女。

绝不开恶意之口

现实生活中常有这样的实例，两个人因某事不和，在情绪的控制下出口伤人，最后导致斗殴等。良言一句三冬暖，恶语伤人六月寒。语言在人与人的相处之间常常显得举足轻重。一个会说话的人很讨人喜欢，在遇到什么事情的时候大伙儿自然也愿意帮忙。而一个不会说话的人会让与之相处的人深感不悦，致人疏远不说，在发生什么事情的时候只会得到"因果有报"的闲言碎语。

一样的说话内容在不同人的口中说出来会有不同的效果。对着那些我们喜欢的人说让对方喜欢的话自然不难，难就难在与自己不喜欢的人相处。人都如此，当你越不喜欢一个人的时候，无论对方做什么、说什么，你脑海中的刻板印象会促使你无法公正看待他的行为，只会一味地认为他的言行都是错误的、不正确的、惹人厌恶的，也就容易引起你开恶意之口，而恶意之言最伤人，容易置人于不受欢迎、孤立的境地。

而一个真正成功的人，他能做的不是让本就喜欢的人拥戴他，而是能够让不喜欢他的人也敬佩他。

巴菲特就很成功地做到了这一点。这其中最主要的原因就在于他从来不开恶意之口，当在采访之中或是在投资中遭人质疑、被人刁难的时候，他常常以幽默带过。

2006年巴菲特宣布将自己巨额的财富捐给比尔·盖茨所掌管的基金会，而2008年巴菲特被列为"福布斯"排行榜中的世界首富，所以在接受美国《财富周刊》的采访中，记者问了他一个较为犀利的问题，"您把85%的资产捐给了比尔·盖茨的基金会，世界首富将自己的大部分的财产捐给世界第二富，这算不算一种嘲讽？"

众所周知，巴菲特与比尔·盖茨是莫逆之交，十分要好，这个问题明显有挑衅意味，可是巴菲特并没有斥责，而是笑笑说道：

"这听起来的确非常有趣。可是我并不是这样看的。我把钱捐给比尔·盖茨的基金会只是因为比尔＆梅林达·盖茨基金会是全世界中最值得捐助的基金会，我也相信比尔·盖茨会发挥这笔捐款的最大作用。再者，我在捐赠的时候已经和比尔·盖茨达成了协议，我必须知道每年这笔捐款的投入去向。"

如此，巴菲特既没有伤害到提问者，落入到问题本身的陷阱，又很圆满地回答了这个问题。

类似的说话在巴菲特的采访中数不胜数，他常常告诫年轻人在平时生活中要注意言行，千万不要因个人情绪说出伤人的话。

那么，年轻人应该如何做才能在面对一个自己不喜欢的人，或是一个故意刁难、挑衅的人时绝不开恶意之口呢？总的来说有两种方法：

第一种方法就是沉默。每个人都会遇到自己不喜欢的人，可偏偏很多时候我们又不得不与自己不喜欢的人打交道，这个时候，人都难免不被自己的情绪所控制。喜形于色的人习惯了对不喜欢的人都给予不好的脸色，不论是在人前还是背后都会对此人嗤之以鼻或是冷嘲热讽。

实际上，这种方式是非常不可取的。一方面，生活之中，你不喜欢的人并不代表别人不会喜欢。如若你随意表现出对其不满，有心人会记在心里或将你的各种言行加述在他反面的观点之上，让他人认为你是一个心胸狭窄、疾恶如仇的人，造成你的人际危机。

另一方面，你喜形于色的厌恶表情，太具针对性，会让被你厌恶的人产生反感，在你们各种接触之中更是会增加你们之间的争闹与吵架，若对方是你的上司或是关系工作的客户，更是会阻碍你在职场的发展。

这个时候，控制自己的情绪，让你不至于将不喜欢的情绪表现得过于露骨，成为一件非常需要艺术的事情。

对于还在成长阶段的年轻人来说，面对一个自己不喜欢的人，还能夸得真诚是非常难的事情，那么，保持沉默是最好的选择。都说"沉默是金"，当生活中有挫败人的巨浪来临时，用语言去解释，去抗争都会显得苍白，此时，沉默才是最好的选择。

所以，对于自己不喜欢的人，可以尽量避免与其接触，如若有不得不接触的时候，感受到了愤怒、厌恶时，就先让自己离开，或是转移自己的注意力，大可保持沉默，来表示你的宽容与大度。

可有时候在一些场合，我们不能以沉默来解决问题。那就只有第二种办法，学会婉言表达。

婉言表达是一种说话技巧，这需要人们在看待一件不喜欢的人、事时，多从该人、事的正面去思考，由消极的愤怒转为积极的感谢，这也是让不喜欢的人喜欢你，让想要通过恶语来激怒你的人停止攻击的最好办法。

林肯在竞选总统前夕，他打算在参议院发表演说。有个傲慢的参议员不希望林肯当选，打算乘机羞辱他，让他不能正常演讲。于是，众目睽睽之下，参议员说道，"林肯先生，在你开始演讲之前，我希望你记住自己是个鞋匠的儿子。"

这话极具讽刺意味，挑衅感也极强，很容易激起对方的负面情绪。假如林肯因为被激怒而以恶语还之的话，整个参议院的人都会觉得林肯没有气度；可如若不说话又显得林肯不懂得尊重他人，不论是哪种态度都会影响竞选结果，也就刚好达到了参议员的目的。

正当参议员为此得意的时候，林肯很冷静地回答道，"我非常感谢你使我记起了我的父亲，他已经过世了，我一定记住你的忠告，我知道我做总统无法像我父亲做鞋匠那样做得好。"

这时，参议院陷入了一片沉默。林肯接着道，"这位先生，据我所知，我的父亲也为你的家人做过鞋子，如果鞋子不合脚，我可以帮你改正它。虽然我不是伟大的鞋匠，但我从小学会了做鞋子的技术。在座的所有参议员都是一样，如果你们穿的鞋子是我父亲做的，需要修理或改善我都尽可能的帮忙。但可以肯定的是，我父亲的技术无人能比。"

沉默之后，是全场真诚的掌声。

其实，说话本身就是一种艺术，它体现了一个人的修养与素质。在某种特定的情况下，会有极大的影响，甚至改变一个人的行为心理，乃至命运前程。因而，年轻人一定要注重平时言语，特别是对于一个自己不喜欢的人，可调整方法，把这种容忍当做是历练自己成功的基石。

声誉建立难毁掉易

在"散财也是一种投资"中我们提到过，巴菲特在投资中非常重视注资企业的无形资产，即声誉。

声誉是指个人或组织的声望与名誉。具体来说就是公众对个人或组织的认可程度，社会群体根据其言语、行为给予客观的或优良或恶劣的评价。

对于一个企业而言，有了好的声誉，才能使其销售的产品或是提供的服务在消费之中位于不败之地。企业更是可以通过好的声誉来扩展消费群体，运用消费者对其产品或所提供服务的信任度来提高产品或服务的价格，从而，获得更高的利润。

"好的经济商誉是企业经营中不断施惠的礼物"，巴菲特如是说，"良好的声誉是人生中最宝贵的东西，千万不能以任何方式损害它。"

也因此，他不止一次在伯克希尔的会议上声明，雇员让公司的金钱受到损失尚可以谅解，但如果让公司的声誉受到一丝一毫的损失，只会有毫不留情的下场。

中美能源的 CEO 索科尔一直都是巴菲特的爱将，巴菲特经常在致股东的信中公开称赞索科尔的才能，在外界看来，索科尔是最有希望继任巴菲特的接班人。

2011 年 4 月伯克希尔宣布将斥资 90 亿美元收购路博润，这个收购的提议者正是索科尔，可是，在收购中有人发现在 2010 年索科尔向巴菲特推荐收购路博润之前，已经私自购买了该公司 96060 股股票。

这种投机取巧的行为在美国法律上自然合法，可是很不符合巴菲特所认可的道德标准。之后索科尔提出辞职，巴菲特接受了。

巴菲特用他的实际行动证明，凡是影响声誉的人都将不被重视，即使是自己的爱将。而伯克希尔正是在巴菲特这种观念的指导下，一直保持着良好的声誉，成为伯克希尔可贵的无形资产。

而相对公司的个体而言，声誉也显得尤为重要。

在社会团体活动中，一个具有良好声誉的人，一定是一个说话算话，为人处世方面十分公正，品德偏于高尚的人。这类人无论是在职场上还是在平日生活之中都能给予人真诚之感，与其相处的人都会在不自禁中交付最真实的自己，且心甘情愿地帮助其获得更好的发展平台。

而一个声名狼藉的人即使他很有能力也无法让他人安心交付，甚至他的家人也会认为他没有"安全感"，就更不用说升职升迁了。

特别是现在步入信息经济时代，银行贷款、信用卡超前消费的金额都164是根据个人的信用度来决定的。声誉越高的人可贷款或超前消费的金额就会越高，而这对于手中现金过少，需要金钱创业、买房、买车的大多数者来说是非常重要的。

然而，声誉这东西的获得与失去总是成反比。正如巴菲特说过的一样，一个人要建立良好的声誉需要花 20 年的时间，而毁灭只需要 5 分钟。

美国杜克大学副教授、癌症研究者安尼尔·波蒂（Anil Potti）在美国的医学界本颇有名声。

一次，他给美国国家卫生院和美国癌症学会递交了资金申请报告，以便于支助他的学术研究。在简历中他写到自己在澳大利亚读书时曾经获得罗德斯奖学金。这项奖金是 1902 年时，一名叫做罗德斯的人设立的。他于牛津大学毕业后，在南非经营钻石矿业发了财，于是留下遗嘱设立罗德斯奖学金，以资助有成就的学生进入牛津大学深造。它是最早的，也是最有声望的国际奖学金，比尔·克林顿也曾自豪拥有这项名誉，其获得者更是被称为"罗德斯学者"，号称离开牛津后什么工作都可以得到。

可在安尼尔·波蒂的简历中，针对这项奖学金的获得情况在各份履历中都不一样，有的写的是在 1995 年获得，有的说是在 1996 年获得，有的甚至没有提到。

《癌症通讯》作为在美国癌症研究领域中非常有权威的杂志，发现了其中的矛盾，并深入调查发现罗德斯奖金获得者的名单并没有安尼尔·波蒂的名字。对此，波蒂草草回应说自己只是获得过罗德斯奖学金的提名。

当这则消息被公开，杜克大学校方立即让波蒂离职接受调查。美国癌症学会冻结了已授予波蒂的一大笔科研资助。随后，波蒂在 2007 年发表的一篇论文遭到质疑，由波蒂领导的三项临床试验也被停止了。这还没完。在申请联邦政府的科研资助的报告中提供虚假履历属于犯罪行为，波蒂有可能因此被起诉。

这并不是小题大做，对于真正有信用度的群体来说，如果一个人如果连履历都敢捏造，还有什么不敢捏造？

所以，一个美国名牌大学的副教授，在一生中获得多项科研资助，其能力有目共睹，但就是因为他在填写履历时虚构了一个荣誉，也会让他名声败坏。

可见，声誉从获得到建立到得到终生肯定是一个极其不易且漫长的过程。

年轻人在处世初期就得有"树立声誉"的意识，工作、生活之中小到一次比赛中的名次，大到在公共场合中对一件事情的看法都应该是真实的、真心的。在工作岗位更是应该恪尽职守，不要为了偷懒而耍小聪明，做小动作，要知道，工作中的任何结果都可能成为他人评价你的依据。

好的声誉还需要高尚的品德与公正、公平的行为作铺垫。这就需要我们不断地提升自身的思想道德素质，养成客观地、正确地看待周边人与事的习惯。切勿做一些信口开河，毁坏自己声誉的事情。

在平日中，我们就得养成乐于助人的好习惯。经济能力有限的时候可以多做义工，去幼儿园或是敬老院，当博物馆的义务引导员或是自闭症孩子的朋友。经济方面充足的时候可以多参加慈善活动，用物质慰问、帮助那些山村里的孩子。

总之，无论你以哪种形式、多少金钱去做类似的事情，都不会有人嫌弃你捐得太少，抱怨你出力太小。这只是一个让被帮助的人快乐，让提供帮助的人感受到了更真实的生命意义而心情愉悦的过程。久而久之，它更是会变成你的一份自豪、一份荣耀，为你的声誉增彩。

从"朋友"中挑出真朋友

提到朋友，想必每个人的心中都会有或深或浅的动容。人与人之间的相处，除去"白首不相离"的爱情，血浓于水的亲情，就只有这种感情融合于生活的各个细节之中。

它就像口渴之时递过来的一杯水，像寒冷之中燃起的一簇火，存在得平淡到不漏痕迹。可是，这对于离不开社会群体生活的我们来说，是那么的不可缺失。

而对于"朋友"的定义，较之来说，古人是十分讲究的。在古汉语中，"朋友"一词分开而译，"朋"为同师，即同出师门的人，"友"为同志即志同道合的人。

到了现在，"朋友"的称呼使用广泛，并没有什么界限，不管男女老少，不管见过几次面，不管可以谈话到什么程度，也不管是不是互利之交，只要能谈得来的人都可以称之为朋友。

特别是现今社会，职场如战场，要升迁升职，争取更好的发展平台都免不了找人推荐，人来客往，酒食地狱，虚文浮礼，为了拉近彼此之间的距离，更是会将"都是朋友""朋友办事放心""还是朋友好"等类似的句子常挂在嘴边。说多了，很多人就会真觉得自己的朋友一抓一大把。

殊不知，两个人相处要成为真正的朋友需要一个相逢、相识、相知的过程，而这样的精力每个人都是有限的，所以每个人的真朋友都是鲜少的。

像巴菲特常年在济济一堂的投资领域活动的人也说，自己的好朋友也只有六位，三男三女，这些人都是可以撇开财富、身价、地位还能交心的人。

而关于如何在朋友中找出"真朋友"，巴菲特则说起了自己在奥马哈认识的一个80岁的老妇人。这个波兰籍的犹太人是巴菲特的好朋友之一。她曾经因为战乱，全家人一起被赶进集中营，有人不幸死在了里面。

她对巴菲特说过，她交朋友会很慢，因为当她看着一个人时，脑海深处就会想，这个人会把我藏起来吗？

要知道，在集中营中能将自己藏起来的人一定是那个最希望你过得好的人。巴菲特极其赞成这个观点。他认为真正的朋友是在苦难之中愿意付出甚至牺牲自己的利益来求得对方安宁的人。一个人如果到了60岁或者70岁，能拥有很多人会把你藏起来，那么你就成功了。

反之，在你需要躲起来的时候没有人愿意把你藏起来，那么无论是多么富有，有多少荣誉或学位都是失败的。

可见，能在朋友中找到"真朋友"在人生中是难能可贵的。这其中，利益与患难就是最好的试金石，凡是泛泛之交在其面前都会撕破脸，变得狰狞。

我有一个初中同学，是读书那会儿的乒乓球友，每天一起放学一起回家，高中来往较多，可是大学毕业后就联系得很少了。

他靠着做房地产投赚了钱，又买房又买车，听说日子过得还不错。可上个月他告诉我说，他在投资合建一个楼盘时，因为包工头卷走了一部分的工程款，导致前期投入的资金泡汤，但为了把楼盘做下去必须再出钱以减少损失。他的现钱不多，不得不找人借钱来解燃眉之急，以保证顺利开盘，所以想向我借钱。

当时接完电话之后，我很纳闷，也很迟疑，不明白这个与我这些年来交情较浅的朋友为什么会想到找我借钱，而我也不知道该不该借。良久，我决定把这钱借给他，一方面这位故人给我印象一直不错，另一方面这些钱在我的可损失范围内。

前几天他就联系到我，把钱还给了我，并请我吃晚饭。交谈之中，他主要述说了这次因为投资意外导致不得不找人借钱的经历。他说，他以为在我挂掉电话之后就再也不会打过来了，从来没有想到我会借钱给他。

因为他之前找过身边平时都非常熟络的15位朋友，其中有14个人都委婉拒绝了，有的人说自己的钱在股票或投资项目中拿不出来；有的人说前段时间发生了某事情，导致自己最近过得很拮据，实在没有办法，很不好意思；有的人说钱在前两天刚好借给了别人，为何不早说……回绝的借口各异，只有一个人二话不说地在当天就把钱转到了他的账上，而第二个就是我。

而且，他发现帮助他的这两个人都是在平时生活中从未麻烦过他的人，而其他人反而不是咨询投资，就是要求帮助买房，总之，时不时地要来麻烦一下。

难怪有本书上会说：帮助过你的人永远都会帮助你，但你帮过的人就不一定。

他感叹道，"如果不是通过这次借钱，我还不知道自己其实是很孤独的，真正的朋友只有一两个而已，其他都是酒肉之交，不可同苦，只可同甘。"

结束话题之后，我们各自回家，几天下来我也一直在想这方面的事情。

我总觉得，人的一生中难免会碰到一些自己无能为力的困境，而这个时候最需要有朋友来帮忙扶一把。就像我那个初中同学一样，再富有、再成功也会有被命运逼到角落的时候。如果那个时候到了，我的身边又还有一些什么人会在呢？

为此，我也做了一个小测验，给身边十个自认为要好的朋友发了条急着借钱的消息，收到了八条短信，两通电话。短信都是婉言回绝，只有电话是急切地问了我出了什么事，是否安然，而后很爽快地要走了我的账号给我打钱。

而这两个朋友，其中一个是在我与初恋男友交往四年分手之时，每天听我说话，陪我吃饭，收集笑话哄我开心，周末推掉其他聚会，拉着我一起看电影、逛街，鼓励我重新振作，找到生活中另一种希望的人。

另一个则是在我工作在外地，因压力过大、饮食不规律、自身免疫力下降引发了一系列并发性的炎症，病得十分严重，无人照料时，主动打电话联系我，并无微不至地照顾了我两个月，直至我病愈出院的人。

《红楼梦》的作者曹雪芹说过，"万两千金容易得，知心一个也难求！"

一个真正的朋友才会在你哭泣时给你一个拥抱、借给你肩膀，而不是看着你哭泣；

一个真正的朋友在你遇到苦难的时候只会责备你为什么不早点告知，而不是指责你带来困扰；

一个真正的朋友在你需要帮助的时候都会默默地帮助你，而不是问东问西；

一个真正的朋友在你发脾气的时候会留下来，帮助你发泄情绪，而不是烦躁地转身离开；

一个真正的朋友在你做错事情的时候会大声斥责，而不是明明知道却默不作声；

一个真正的朋友是在你需要垫脚石上爬时甘愿做你的梯子，而不是在你攀爬的时候偷偷踩你一脚或是当你爬到顶峰的时候猛力吹捧。

而人的一生总需要一两个真正的朋友，年轻人一定要学会在平时的相处中从"朋友"里找到真朋友，只有这样才不至于在某天窘迫之时却无人理睬。

友情的基础是信任

"人之相识，贵在相知，人之相知，贵在知心"，这是《孟子·万章下》中的一句话。然而，人生在世，知心难求，最难就难在"信任"二字。

"信任"本身就是一场盛大的仪式，两个本是陌生的人因为相信而敢于托付彼此，是战士另存武器，是枪支取出子弹的一种勇气。然而，信任就像一块糖果，太冷了让人尝不出甜味，太暖了又会使其融化，只有时刻保持一种适当的温度才能让它长存。

想必大家都知道，巴菲特与比尔·盖茨是商场上不多见的莫逆之交。实际上，在1991年以前，也就是当巴菲特在投资生涯上走过了40个年头的时候还并没有比尔·盖茨这样一位朋友。

两人都是来自不同行业的佼佼者，虽然听说过彼此的大名，但两人素未谋面，也不屑相识。因为在巴菲特看来，比尔·盖茨不过运气较好，顺应了时势才有所建树，而比尔·盖茨更是认为巴菲特固执、小气，所得成就并没有什么技术含量而是依靠投资，不值得崇拜。

十几年中，两人受刻板印象限制只是看看对方的所得成就，从没有想过邀约见面。直到有一次，比尔·盖茨被邀请参加一个华尔街的CEO聚会，偶然与主讲人巴菲特对话。

"你就是那个传说中非常幸运的年轻人啊！"巴菲特在第一次见到比尔·盖茨时就不客气地说道。可比尔·盖茨只是深鞠一躬之后，说，"我很想向前辈学习。"

巴菲特出乎意料，也不由对比尔·盖茨产生了好感，两人便坐下来聊天，聊到了童年、创业期间以及各自的世界经济观，发现有太多的共同点，可因为时间关系不得不中断。以至于在接下来的会议中，巴菲特第一句话就是，"在开始讲话之前，我想说的是，今天我第一次与比尔·盖茨交谈，他是一个比我聪明的人。"

之后，两人多次邀约见面，越来往就越感受到了对方的真诚，以及其人格魅力所在，悔恨为什么没有早十年认识。

2006年6月15日，比尔·盖茨宣布将逐渐退出微软，专心从事慈善事业。而就在同年6月，巴菲特的爱妻去世，他决定把370亿美元的财产全部都捐给比尔·盖茨的慈善基金会。当人们问及原因的时候，他回答道，"将这笔钱捐给这个慈善基金会，一方面是因为我认为它是世界上最健全的基金会，另一方面是我信任我的朋友比尔·盖茨，我相信他会将这笔钱的作用发挥到最大。"

巴菲特与比尔·盖茨最终能如此信任地结下情谊，已算是拥有了"俞伯牙与钟子期相遇，造就了高山流水传奇"的幸运。

在我们生活之中还有很多本可以成为真正朋友的人们，因为害怕伤害而不敢或是主观意识有了"先入为主"的负面印象而不愿交付信任。

正如一则小品里面所说：两只蚂蚁相遇，只是彼此碰了一下触须就向相反方向爬去。爬了很久之后突然都感到遗憾，在这样广大的时空中，体型如此微小的同类不期而遇，"可是我们竟没有彼此拥抱一下"。

这就是信任度太冷，让人尝不到甜头的情况。这就需要我们在与人相处之时，不能被刻板印象所束缚，要学会全方位、多角度地去看待一个人。更不能因受过"信任"的伤害而抱着"君子之交淡如水"的交友态度，如此，你不真心信任一个人，他人又怎会信任你呢？

那么，请勇敢地尝试拥抱，抱一抱，再抱一抱，总有一天你会因这份温暖而欣慰。

而建立的友谊总需要人滋养，有的人用嘴，有的人用汗，有的人用心。不论以哪种形式，在友谊萌芽之时，朋友彼此都会用细心、耐心去浇灌，时刻为对方着想，时刻希望自己为对方付出。久而久之，这种感情变得熟络，就容易掉进"信任"的陷阱。

交谈时一句不经意的言辞、一次对待同一件事情的不同立场、一件未被证实的谣言等生活的琐碎就能轻易地毁掉一份几年或是十几年的友情。这并非没有信任，而是太过信任。双方已经把对方看成了自己的一部分，所以，当发现对方与自己的观点、言行有冲突时，就变得难以容忍，仿佛眼中的一颗沙，只有揉碎了或是拿出了这种不同才肯罢休。

于是，赞美变成指责，谈心变成谩骂，朋友瞬间变得连敌人都不如，只觉得是对方辜负了自己的信任，背叛了自己，一句"我们再也不会是朋友"，信任之塔就此坍塌。

还有一种"信任"陷阱存在于友情之中最不显形但十分致命，在心理学上被称之为"心理黑箱"。

也许在很多人心中都认为"真正的朋友是不必多言的"，所以在等待友情茁壮成长之中，常常将各种误会或是难过的事情都默默承受下来，认为朋友会懂得，不需要说明，不需要解释，一种被人看做"信任"的箱子就这样堆积了起来。

然而，每个人的情绪都需要有一个适当的发泄点，当遇到一件冲击其友情的事情时，一方就会以自己的想法去推测对方的想法，还觉得势必其然。

在某种时刻，这种自以为是的想法会扩大，本来的信任变成一场怨责的情绪爆发，那些本认为不用解释、不用说明的东西变成了这场异变的疑点，"信任"之箱中充斥黑暗，最后，信任就真的败下阵来。

可见，在友情建立之后，学会适当地用信任来维护是显得尤其重要的。

真正的友情不企求什么，也不依靠什么，所以纯粹，然而，纯粹的东西最容易破碎。很多人觉得防止友谊破碎的办法就是捆绑友谊，也就是用朋友来留住朋友，简称拉帮结派；或是广播友谊，多种友谊的种子就多有收获。可这样的办法在实际生活中运用并不会有好的结果。

事实证明，只有信任才会成为友谊长存的黏合剂，一定要学会运用这种黏合剂，不要过多，也不要过少，适中即可。

诚恳对待工作伙伴

为了生存，也为了赋予生命更美好的意义，每个人都免不了工作。

在现实生活中，有的人通过自主创立公司或通过个体经营来获得工作；有的人借助他人创造的平台来满足自身的社会系统需求；还有的人则追求自由，是自由职业者。

不论是上述三者之中的哪一种人活得大抵如此，除了日常琐碎、轻松的闲暇时光，都是踩在工作与家庭的两点一线上。不知不觉中，工作成了人们生活不可缺失的一部分。

所以说，选择一份工作就是选择一种生活，也是选择一个圈子。而组成这个生活圈子的人大多是那些与我们同站在一个立场，为一个目标而共同奋斗的同事。

同事就是我们工作上的伙伴，对于大部分来说，同事在心目中的概念的相较之朋友而言显得凉薄许多。为了谋事需要在一起才在一起，其中更是涉及许多自身利益的事情，交心本就难得。再加上，工作具有选择性，当人们发现自身需求与工作本身相矛盾的时候，就会毅然辞职，选择更适合自己的工作平台，由此也导致了工作圈子中的流动性极大，即使偶尔在工作场合遇见了印象极好的人，也会因为时间与地域的差距，错失彼此熟知的机会，并逐渐失去联系。

因此，很多人在同事相处之道中笃定了"点头之交即可，不需要有太多诚恳"的想法，殊不知，这样做只会让自己在需要同伴合作的工作之中，陷入孤立无援的境地。

毕业后，我的第一份工作是在一家出版机构上班，公司是私人老板的，主要做图书出版。编辑策划部大约15人，每人都有自己的办公桌与电脑。我一进门，就发现有一个位置显得十分突兀，与前后左右的距离都拉得比较远。坐在那个位置上的女生，戴着金丝眼镜，着正装，头发披肩，不知是不是正对着电脑在思索问题的缘故，她显得尤为刻板且不苟言笑，给人以无法轻易亲近之感。

虽然心中对此有极大的好奇，可是我知道过多的闲言碎语总不被人喜欢，特别是对于初来乍到的我来说，沉默才是最好的选择。两个星期后，我们部门所有人看着她从老板的办公室气冲冲地跑出来，噼里啪啦收拾完东西就走了，再也没有回来。

事后才知道，那天是因为她发现自己办公桌上的东西被人翻动，抽屉也感觉被人打开过，所以想找老板讨个说法。老板听完后就问她是否有财务遗失，她回答说没有。

既然没有任何财务损失就代表没有谁以歹心去翻看她的东西，也许是她自己记错了，因为当时老板调查过了，公司并没有谁的东西有被翻过的现象。所以，老板劝她安心，不要小题大做。可她偏不听劝，只觉得自己的隐私安全受到威胁，强烈要求公司深入调查，给人一个交代。老板觉得她无理取闹，不予以采纳。最后，她夺门而出，辞呈都没有递交就离开了公司。

其他同事听过后，不但没有人帮她说话，反而多谴责她的不知世事。原来，她来公司的四个月，因自身洁癖过重，常常只要遇到一点涉及个人的事情，她就会跳起来责备全世界的人。比如，她不喜欢别人挨着太近，所以要求前前后后同事的桌子都离地三尺，如此嚣张跋扈，可因老板青睐她的才华，同事们只好谦让。

再加上，她信奉"冷读术"，也就是"冷眼旁观人"的为人处世之道。因而，几乎从来不会与任何同事聊深层次的话题，时日渐久，她变成了孤家寡人，没有人愿意与她合作，也没有人想要与之交谈……

她走之后，公司许多同事，特别是坐在她周边的人都如释重负，办公室再也没有孤立情况，显得一片和谐。而我却在这件事情中感知到，即使是同事我们也应该诚恳地对待。

有才华且能保持自我个性固然会为你的职场生涯增添光彩，可没有谁是超级英雄，从不需要任何来自工作伙伴的帮助，即使是投资天才如巴菲特也从来不会忽视身边工作伙伴的存在。

巴菲特在做任何一项决定之前，都会顾及合伙人、雇员以及股东的情绪与利益。

就在前面提到过的"购买美国运通公司的股票危机"的事件，巴菲特通过分析研究确定该公司的危机只是暂时性的以后，面对股东的抱怨与责备，他并没有因自己看到了美国运通公司值得投资的本质而大声回驳股东的质疑，反而给予了真诚的抱歉。

此后，对美国运通公司的大力增持更是多采用自己与经过其本人同意的合伙人的股份资金来进行购买，以保证公正地拉平投入成本。而两年后美国运通股票的大涨也证明了巴菲特的预测。

后来每每想起巴菲特当时的做法，许多股东都为他在各种合作细节中的诚恳所折服。

平时，他会定期告知合伙人、雇员的公司投资情况，每一年都会亲手执笔写一封给伯克希尔股东的信，对一年中的投资进行总结，让伯克希尔的合伙人、雇员以及股东了解到伯克希尔一年内的真实收益，公开承认自己的投资失误，且及时告知下一年的投资计划。

巴菲特就是如此诚恳，即使金钱与权力在握，依然可以为了工作伙伴将一件事情坚持下去，哪怕要冒经营受损的危险。与他共事的人无不被他的诚恳、平实所打动，也因此，他一直都受美国人的拥戴，成为富翁中的榜样。

所以，年轻人在工作之中，请放下你的自傲清高，收起你的孤芳自赏，抑制你的喜怒无常，诚心重视你的同事，而不是一味的虚与委蛇。

要知道，工作伙伴多为与你朝夕相处之人，虽在一定程度上，彼此之间是竞争对手，可你不能将这种状态贯穿于整个职场生活，这样做只会弄得自己像一只与全世界对抗的刺猬，别人看着不开心，自己也撑得辛苦。适当放松，将同事当做朋友对待，才会使你工作得更开心，如此，心态好了，工作效率自然也会提升。

何况，每个人都需要被人尊重，诚恳待之，特别是在工作场合，当同事感受到了你的真诚，就会在你需要帮助的时候伸出援助之手。只有这样，你的职场道路才会越走越宽，越走越好。

和有创造力的人一起工作

有人说，你和什么样的人在一起，就会成为什么样的人。

对于这句话我深有感触。

高中时，我在市里的一所中等学校就读，因开学考试失利，高一被分到了普通班。班上人的成绩在年级排名中大多落后，我还算名列前茅，这让我有一种鹤立鸡群之感。我很努力地学习，也很希望自己能学得更好。平时，我会与班上几位成绩较好的同学一起读书，可相对于年级中排名靠前的同学，我的成绩还是差得很远，这总让我有一种力不从心之感。

高二再举行分班考试的时候，我有幸被列入重点班级，也就是学校尖子生聚集的地方，让我更为高兴的是，与我同宿舍的女生是年级中数一数二的人物。

刚开始并没有感觉有什么好处，反而觉得身在知识积累都比较牢固的学生班级里，学习起来有点吃力，甚至从来不敢与同寝室的女生同座，强烈的自卑感袭击而来。直到有一天，我为了一道数学题目绞尽脑汁熬到了晚上两点还没有任何头绪，同寝的女生见了便主动问我需不需要帮忙，于是我便向她请教。她看了以后，在半个小时内就列举了三种解决的办法，让我豁然开朗。

从此，我常常向她请教学习上的问题，每每都被她那种发散性的思维、创造性的能力所折服。渐渐地，我们成了很好的朋友，本来以为她的学习成绩那么好归功于死记硬背的方法，后来才发现她是一个思维非常活跃的人，她将学习看做是一种娱乐。

比如一般同学记英语单词都是通过读或写的方法来背记，可她从来不会，她喜欢将英语单词的同音与周边的各个事物联系起来，形成一种看到某种东西就联想到某个单词的思维模式。

我们常常比赛谁发现解题的方法多，输的人就要受到惩罚。然后在结束"比赛"后，我们还在说笑的瞬间，她会突然再提出一个关于老师在上课时说到过的问题，最开始我还会措手不及，慢慢的，我也养成了这种习惯。

不知不觉中，我的学习能力得到了大大的提高，期末考试我竟然进入了年级前十……时日至今，我都非常感谢这位朋友，她创造性的思维深深影响了我的读书生涯，让我成为一个不那么刻板的人。

毕业后工作，我更是倾心于与有创造力的人一起工作。对于生活，我一直都认同"它可以朝着你想要的方式发展"的观点，也就是说你可以得到你想要的生活，但其中关键在于你与什么样的人在一起。

2010年，巴菲特接受了"关于给年轻人忠告"的采访，采访中主持人的一个问题让我印象深刻。

主持人问巴菲特对于现在的年轻学生就业有什么规划性的建议。巴菲特回答道，工作最重要的是激情，而要保持这种激情，除去我之前所声明的在求职的时候一定要找一个自己有兴趣的工作之外，我认为能否有一个好的工作合作伙伴也是及其关键的。

能与一个优秀的、有创造力的伙伴一起工作，不仅可以让你学到很多东西，拓展你的思维，更是能让你时刻保持对工作的热情。80岁的巴菲特谈到这一点的时候满脸洋溢着满足，他喜欢他的工作，更喜欢在一起工作的人们。他把挑选工作伙伴的事情看得极其重要，他曾将其比喻为选择工作时的结婚对象。

在他所有的工作伙伴中，他最庆幸的就是能与查理·芒格共事。这位伯克希尔的副主席，是巴菲特的黄金搭档，有伯克希尔的"幕后智囊"和"最后的秘密武器"之称。

芒格最大的特点就是能灵活地将他毕业于法律专业的理性特点与逻辑

分析的能力运用到投资中来，然后站在投资理论系统之外想问题，经常可以得出一些让人佩服得五体投地的结论。

比如巴菲特改变"捡拾雪茄烟蒂"的投资方法就是受了芒格的启迪。巴菲特曾坦诚说过，格雷厄姆教导他挑选廉价股，而芒格却不断地告诫他不要只买进廉价股，这使得他挣脱了格雷厄姆的局限观点，在芒格的力量下开拓了自己的视野。巴菲特这样评价他的朋友："我在生意上乐事多多——然而，如果我未曾与查理结伴的话，相信将不会有这么多。他以他的芒格主义带来了愉悦，并显著地塑造了我的思维方式。虽然很多人给查理冠以商人或者慈善家的头衔，我却宁愿视其为一位教师。而且，很显然伯克希尔公司正是因他的教诲，才更富有价值并备受推崇。"

五十多年的投资生涯，巴菲特正是能与这样一位有创造力的伙伴同行，才有了今天的伟大成就。

创造力对于人的成功是举足轻重的，年轻人如果能与一个有创造力的人一起工作就等于有了一双可以翱翔蓝天的翅膀。要知道，我们一个人所掌握的知识总是有限，或是容易被惯性思维绑住，这都会阻碍思维的灵活性，使得我们不由自主地被人牵着鼻子走，这个时候如果有别人提出不同的观点给你带来启发，就会让你很快跳出局限思维，拆掉阻碍的墙，看见光。

另外，只有与有创造力的人在一起，你才能在发现生活新奇的同时，通过工作伙伴给予的思维方法的启迪，看到更多生活的奥妙，由此，让你对工作、生活时刻保持激情，才能获得更大的成就。

让人尊敬不如让人亲近

现在有两封信，开头分别是"尊敬的某某，你好！"与"亲，最近可好？"

你会选择先看那一封呢？

想必大多数都会先看后者，因为一句"亲"就拉近了彼此间的距离，而"尊敬"总显得疏离。这就是人们在参与社交方式的不同之时所造就的不同结果。而对于"尊敬"与"亲近"这两个给人以完全不同感觉的概念，有的人认为让人尊敬比让人亲近好。

一个人在他人心中留下"尊重"的印象，一方面表示这个人有威严，做出来的事情可圈可点，让人不得不信服，这是他人对其能力的一种肯定；可另一方面，被人获得"尊重"也就意味着相处之中的距离感，他人无法亲近，使得身在其中的人无法听到别人的看法或建议而停滞不前。再者，在职场上获得"尊重"所依仗的多为一个人的身份或地位，而当这种身份与地位丧失的时候，这种"尊重"也很有可能随之消逝。

所以还有很多人说，让人尊敬不如让人亲近。巴菲特就很好地用他的言行来诠释了这种做法的好处。见过巴菲特的人都评价说他不像一个掌管伯克希尔这样一个国际性的控股公司的董事长，更像一个邻居家的和蔼慈祥的老爷爷。

平时，若有重要的人物前往奥马哈拜访巴菲特，巴菲特会亲自开着他那辆钢蓝色的林肯城市轿车穿过市区到机场接机。当客人离开的时候更是会带着客人去吃自己爱吃的麦当劳，这也让很多名人政客感到吃惊。

巴菲特就是如此，待任何人都平易近人，从不恃才傲物。他的身价与架子完全成反比，也正因为这样的人格魅力，才使得每年伯克希尔的年会像朝拜一样，声势盛大。而每个参加过巴菲特年会的人都会感叹，巴菲特真的很幽默，让人感觉他只是自己一位很久未谋面的故人。

2010年5月召开的伯克希尔年会上，巴菲特79岁了，而他的合伙人芒格比他还大六岁，这两位金融界的巨人，落座在被来自世界各地的企业家、金融人士、股东，以及记者约四万人围起来的管场中央，严肃地回答问题，随意地吃着他们的传统食物：花生糖和巧克力，喝着可口可乐。巴菲特说话随意，面色和善，有问必答，没有任何装腔作势，赢来了热烈的掌声。

之后，巴菲特更是与美国华裔的乒乓球冠军女孩打了好几场乒乓球。球场上的巴菲特依然有着在投资上争强好胜的品行，他与好友比尔·盖茨联手，可毕竟不专业，几乎每次都败下阵来。巴菲特气不过，耍起老顽童的脾气，拿起一个巨型的球拍，一个扣杀，终于赢回了冠军的一个球，引起周边人的哄笑，巴菲特也乐呵呵地下了场。

短暂的乒乓球赛后，巴菲特又到二楼临时搭建的桥牌室与股东打起了桥牌。巴菲特爱打桥牌是出了名的事儿，在他看来桥牌是一场智力的博弈。他曾说过，如果有3个会打桥牌的室友，我不介意去坐牢。

如此，你越了解巴菲特，越接近巴菲特，你就越会不自主地被他身上展现出来的人格魅力所吸引。不论是有钱的人还是没钱的人，不论是投资领域的人还是其他领域的人，无一不透露出自己与巴菲特相处之后很轻松的惊讶。难怪有人说这个世界上没有谁能真正取代巴菲特，即使有人同他获得了一样的财富，拥有了相同的权力与地位也不行。

而在现实生活中，年轻人与人相处就应当如此，不要过分追求人与人之间的外在距离，而是多追求心灵上的通达与投合。只有这样才能让人亲近，才能使得你无论处在什么地位，拥有什么样的资历都得到他人的拥戴。

那么，我们平时生活中应该如何做才能让自己既不失"让人尊重"的威严，又不失"让人亲近"的欣悦呢？

首先，要学会站在他人的角度思考，尊重他人。只有尊重别人的人才会被人尊重，这是生活中向来的"镜子原理"，这就需要我们从平常的言行就开始养成习惯。

在语言表达方面，可将平时说话中的各类带有命令性的词语多加礼貌用语，比如"把这件事情做好"说成"请把这件事情做好"，"把茶递过来"改成"麻烦递一下茶杯"等，以让人觉得自己受到尊重，而不是被呼之则来挥之则去；而那些未出口的"不"改成："这需要时间"、"我尽力"、"我不确定"、"当我决定后给你打电话"等以免造成对方的直接伤害。

在行为表达方式上可选择多微笑，握手，作揖，拥抱，嘘寒问暖，端茶递烟，温婉的语调，深情的注视等，以加强人与人的身体交流，拉近彼此的距离。可是这种行为一定要运用得适当，不然只会给人造成"轻浮"的印象。

其次，人与人间的亲近感实际上是以善良的情怀和博爱的心胸为底，这就需要我们提高自身的修养，能发自内心地去喜欢一个人，不能为了自己看起来平易近人而与人近之，这样只会"画虎不成反类犬"，变得虚伪且龌龊了。

当然，与人亲近也要把握好度，做到不卑不亢，才能让你的与人亲近的行为不至于压倒你的威严，让你在做事的时候为难。

最好的局面是双赢

生活常常以一个双向选择的姿态呈现。

你去一个公司面试，是你先选择这家公司，然后公司在知道你本身的立场之后再根据其需要来考虑是否选择你；当你被公司聘用，你付出一定的劳动时间为公司获利而工作，尔后，公司支付你工资、待遇，你得到了物质回报或是精神上的满足；你越来越喜欢且重视这份工作，不遗余力地为了公司的发展奋斗，公司也就越来越好，给予你的东西也就越来越多。

这样一个简单的过程，走入的是良性循环，而促使这种循环的原动力除了可以叫做对等之外，还可以称作"双赢"。

双赢强调的是双方的利益兼顾，即所谓的"赢者不全赢，输者不全输"，它是利益和谐统一的最高境界，也只有这样的境界才能使得人们都获得较好的结果。

当人与人的相处，特别是在职场上，显示的是不对等，只有一方赢或输的状态就只能酿造悲剧。比如，当你是因父母或其他人的压力被迫去一家公司面试，收到公司的聘用通知时，你肯定会认为自己是不幸的；之后的工作中，你抱着这种不幸，认定公司不能满足你在物质或精神上的需要，所以你不愿意付出劳作，工作原则变成"能不做就不做"，公司的效益自然不高，给你的待遇也不会提升；终于，你由最开始的不喜欢到消极抵抗，每天过"做一天和尚撞一天钟"的日子，甚至为公司因自己的小失误造成损失幸灾乐祸，公司也发现了付出酬薪却没有得到相应的回报，最后你只能选择离开公司。

两种循环形成了鲜明对比，这都是能否做到"双赢"引申的结果。要知道，现实生活中，没有谁愿意一直吃亏，当需求与被需求背驰，当付出与收获失衡，就会倾斜"双赢"的天平，伤害其中一个，导致双方不欢而散。年轻人要有发展，在平时的工作合作中就必须树立双赢的观念。

巴菲特重视双赢，从他制定实施伯克希尔股东捐赠计划书就可以看出。伯克希尔公司每年都会拿出一部分钱致力于慈善事业，这是对于企业无形资产的一种必要投资。1981年的时候，芒格提出质疑：为什么要由公司的领导者来决定股东支持什么慈善机构，因为毕竟公司捐出去的钱都是股东的钱。

巴菲特听后觉得言之有理，并制定了股东捐赠计划，允许每一位股东选定不超过3家慈善机构，捐赠的金额取决于该股东所持有的公司A股的数量。这一计划很快就得到了实施，至今已有31年，伯克希尔通过股东捐赠计划大约向4000多家慈善机构捐助了2.5亿美元。伯克希尔的捐赠模式受到了政府官员的广泛推荐，这在一定程度上显示了民主的需要。

巴菲特是如此尊重股东的权益，让持有其股票的股东都觉得自己是伯克希尔的主人。这也就是为什么伯克希尔在巴菲特主管之下的56年以来，其股东的拥有人数只进不出，且当有人欲向伯克希尔公司的股东购买股票，愿意花费高于其股票本身价格的高几倍时，股东都毅然拒绝的原因。

巴菲特曾不止一次声明，自己喜欢投资那些管理层能设身处地为所有者着想的公司。因为他知道，只有当持有者认为自己的投资值得的时候，才会愿意一直保持投资或加大投资，而被投资公司可以拿着这些钱去创造更多的利益。

这就是"双赢"的魔力。也是在职场之中两个人或是两个公司能够坚持长期一起工作的前提条件。

如果一个人在为人处世中，能够灵活运用"双赢"来获得成功，一定是大智者。

它所体现的是一种创新的思维，是对在利益上不是你死就是我活的陈旧观念的一种颠覆，更是一种与人为善，团结合作的宽容。

它能引导人们往良性循环的强大富强方向发展，能让人们通过合理健康的双赢式竞争，去获得行业的兴盛。这正如水涨船高，帆船只有借助了水的力量才能无往不胜。

双赢，赢了发展还能赢得财富，赢得荣誉还能赢得人心，是你赢我也赢的一种方式，实在两全其美。

有人就要发问了，如何做到双赢呢？在职场上很多以利益为中心的事情我们可以以平均利益来得到双赢，可是如果是立场的不同呢？又怎么可能做到两全其美？

其实，这并不难。

1904年夏天，一位名叫哈姆，喜欢制作糕点的西班牙人前往美国，希望能在这个有遍地黄金之称的国度发展自己的生意。

起初，他的生意并没有多大起色。在得知美国即将举行世界博览会的时候，他将自己的薄饼摊搬到了会展所在地。很幸运的，他获得了一个在会场外面出售薄饼的位置。人来人往，却没有什么人对他的薄饼感兴趣，而对面的冰淇淋摊子倒是生意兴隆，很快就用完了装冰淇淋的盘子。

哈姆看到了主动将自己的薄饼卷成了锥形，让冰淇淋商贩用，冰淇淋商贩为了解燃眉之急果断买下了哈姆的大量薄饼，没想到锥形的冰淇淋很是受顾客的欢迎，还被评为此次世界博览会上"最受欢迎的产品"。

此后，这种锥形冰淇淋开始迅速传播，广为流行，并逐步演变成今天的蛋卷冰淇淋，成为风靡世界的美味食品。

哈姆就这样不但帮助了别人，也促使了自己的生意的如日中天，更是由此发明了百年让人青睐的美食，绝对的双赢！

要做到这一点，首先就需要我们在做任何事情中能看到他人的存在，不论是敌人还是朋友都要以"如何做好事情"为出发点，千万不能漠视其他人的存在；其次了解其他人的特点，再结合自己的特点，尽可能达到最完美的效果；最后，要能够做到灵活运用，这就需要年轻人平时多培养自己的反向性思维，才能够发现让双方达到双赢效果的办法。

亲人比物质更重要

"现在的社会到底怎么了？"时常听到有人提出这样的质疑。孩子的压力越来越大，老人越活越孤单，而介于这两者间的年轻人越活越累。

年轻人为了家庭的物质生活能越来越好，常年在外工作赚钱，一年难得回家几次，更别说时常给予老人或孩子的陪伴与关心了。可是，优渥的物质生活真的是老人或孩子想要的吗？而年轻人在外挣钱目的就只是为了保障家中孩子或老父母亲的物质生活吗？

如果你看到过空荡荡的大屋只留下越来越多的生活费，一个不知世事的孩子，在正需要人关心的年龄渴盼父母回家，嘘寒问暖的眼神；如果你听到过那些有孩子的热闹渐渐转化成只能听到自己回声的孤寂，每日守在电话前也难有问候的落寞老人，在村头的大树下低声呼唤你回家的念想。你就会明白，我们的生活，我们的亲情常常这样被物质错位。

家人最需要的不是更好的物质生活，而是亲情的温暖。因为一个人能获得的物质、可以享受的物质都是有限的，只有亲情给予的温暖才是最窝心的。

对于家人而言，一通平常关心的电话比转账生活费的提醒电话宝贵；一件廉价的棉袄比一沓人民币暖心；一次回家的短暂停留比存折上多几个零的数字可欣。

亲人比物质重要，巴菲特也常常这样说。

他作为享誉国际的伯克希尔公司的掌门人，需要忙碌的事实在太多，让他有一种"为什么一天不是48小时，而是24小时之感"。即使如此，他也从来不会因为工作而忘记家中的妻子与儿女。

他会推掉那些他认为不必要的餐会活动，常常回家陪子女与妻子吃饭。在他的三个子女成长过程中，他总是会放下自己手中分分钟千万差额的生意来陪自己的子女复习功课，更是时刻关注自己爱人苏珊的事业，为她摇旗呐喊，给予其鼓励。

在巴菲特的家中，一直都灌输着这样一种观念：每个人都是家庭中的一分子，都是平等的，都依附于家庭存在，而不是让家庭去依附于个人。不管谁在外面有多风光，可是回到家中就是父母与子女、兄弟与姐妹的关系。

所以，巴菲特的三个子女中没有任何人会炫耀自己是世界首富的子女，更没有人为了争夺财产而闹得亲人不和。

巴菲特的经历更是告诉了我们，挣再多的钱也是为了让亲人快乐，可亲人的快乐不一定需要很多钱来获得，所以，又何必做本末倒置的事情呢？

有一部非常细腻的微电影《来信》，讲述的是一个孤寡老人的故事。

故事中的老人睿智、儒雅，年轻时风流倜傥，可到了老年却因为老伴过早离开，养育的一儿一女都有自己的家庭和事业而无暇顾及他，显得非常孤单。

当被医生再一次催促，他的肝癌要进行化疗，需要住院的时候，他考虑到没人照顾，会给子女惹来麻烦，就选择了在过世老伴生日的那天了结自己的生命。

在这之前，他寄了一封信给自己的儿女。信中说道："一辈子，我最幸福的就是有了儿子和女儿。后来，儿子带回了媳妇，女儿带回了女婿。再后来，就有了孙子，孙女，多热闹啊……可是，人虽然多了，家里却只剩下我和你妈妈了。刚开始，我们盼望你们一周回来一次；后来，变成一个月回来一次；你妈妈走后，就变成一年一次了……"老人说知道儿女都很忙，但他却有大把的时间想念，儿女按期给他的生活费他都没怎么用，真的只是想多看看他们一眼。所以他常偷偷地清早起床，赶到儿子或女儿上班路过的角落里买菜、摆地摊，只为了看看他们，看看自己养育多年，也陪伴过自己多年，现在长大了的儿女，这样就觉得很安心。

看到这里不禁潸然泪下，想起生活之中的我们大多如此，成天忙着自己的工作，有时间了也多是和朋友出游，与爱人煲电话粥，常常忘记了在家中等待自己归期的父母亲。

而与父母交流的时间就更少了，虽然有了电话联系方便了许多，可是与父母的通话，在毕业之前是因为没有生活费，向父母索要；毕业之后常常是父母打电话过来，开口就是问是不是钱不够用，当父母絮絮叨叨的时候就会不耐烦地找借口挂掉电话。

都说"树欲静而风不止，子欲养而亲不待"，每个人都知道要尽孝，也想尽孝，可是现在的年轻人总是将尽孝误入了物质的陷阱。总认为能拿多少钱，送父母多少东西就已经足够表达自己的心意，而父母也会满足。

我曾也是如此，总认为只有让父母过上想买什么就买什么的生活才是孝顺，从来没有想过生活之中很多能给予父母的东西是金钱买不来的。

一次，我回家看到母亲在厨房里忙乎，为了菜到底有没有放盐而思索了好久，我的心一下子就酸了，因为我发现母亲真的老了。于是，我告诉她，想要什么就说，我都可以买。母亲却说，我要那么多钱干什么呢？人老了，钱也花不动了，你多回家看看就好。

的确，父母能花费你多少钱呢？而他们又还有多少时间去花销呢？

当我看着有些父母需要将自己的儿女告到法庭来向儿女讨要那点微薄的赡养费的时候，我多么想替他们哭一哭呢？他们含辛茹苦地将儿女拉扯大，可儿女们竟然为了一己私利而将老父母亲抛弃，直至法院判决，才肯履行赡养的责任。这样的官司赢了也是寒心的。哀莫大于心死，而彼时，他们连搓手顿足的哭泣也没有了力气。

《增广贤文》里有一句话：羊跪乳，鸦反哺，人之情，孝父母，父母教，须静听，父母责，须敬承，身有伤，贻亲忧，德有伤，贻亲羞。

连羊都有跪乳之情，鸦都有反哺之义，何况是人呢？年轻人千万不要弄错了亲情与物质关系的本义。父母亲不会用你的成就来评判你尽孝的程度，更不需要你用物质来填补亲情的缺位。他们只需要你多点关心，多点陪伴。

【附录】

巴菲特简介

沃伦·爱德华·巴菲特（Warren Edward Buffett），1930 年 8 月 30 日，出生于美国内布拉斯加州的奥马哈市。他从小就极具投资意识，钟情于股票和数字。他满脑子都是赚钱的想法，六岁时在家中摆地摊兜售口香糖。稍大后，带领小伙伴到球场捡高尔夫球转手。上中学时，除利用课余做报童外，还与伙伴合伙将弹子球游戏机出租给理发店老板，赚取外快。

1941 年，11 岁，跃身股海，购买平生的第一只股票。

1947 年，进入宾夕法尼亚大学攻读财务和商业管理专业。两年后，转学到尼布拉斯加大学林肯分校，一年内获得经济学士学位。

1950 年，申请哈佛大学被拒，考入哥伦比亚大学商学院，拜著名投资学理论学家班杰明·格雷厄姆为师。

1951 年，21 岁，获得哥伦比亚大学经济硕士学位，以最高成绩 A+ 毕业。

1952 年，和苏珊·汤普森结婚，双方父母是多年的老朋友。

1957 年，掌管的资金达 30 万美元，年末升至 50 万美元。

1962 年，巴菲特合伙公司的资本达 720 万美元，其中一百万属于巴菲特个人。当时，他将几个合伙人企业合并成"巴菲特合伙事业有限公司"。最小投资额扩大到十万美元。情况有点像现在中国的私募基金或私人投资公司。

1964 年，巴菲特的个人财富达 400 万美元，此时他掌管的资金已高达 2200 万美元。

1966 年春，美国股市牛气冲天。虽然股市上疯行的投资给投机家带来了横财，巴菲特却不为所动。

1967 年 10 月，巴菲特掌管的资金达 6500 万美元。

1968 年，巴菲特合伙事业公司的股票取得了好成绩，增长了 46%，而当年道琼斯指数才增长了 9%。巴菲特掌管的资金上升至一亿零四百万美元，其中属于巴菲特的有 2500 万美元。

1968 年 5 月，巴菲特隐退，逐渐清算巴菲特合伙事业公司的所有股票。

1972 年，巴菲特瞄准了报刊业。1973 年开始，他在股市上蚕食《波士顿环球》、《华盛顿邮报》，他的介入使《华盛顿邮报》利润大增，每年平均增长 35%。十年后，巴菲特投入的一千万美元升值为两亿。

1980 年，他用一亿二千万美元，以每股 10.96 美元的单价，买进可口可乐 7% 的股份。到 1985 年，可口可乐改变经营策略，开始抽回资金，投入饮料生产。其股票单价已长至 51.5 美元，翻了五倍。

1992 年中，巴菲特以 74 美元一股买下 435 万股美国高技术国防工业公司——通用动力公司的股票，到年底股价上升到 113 美元。

1994 年底，拥有 230 亿美元的伯克希尔工业王国变成巴菲特庞大的投资金融集团。从 1965 ~ 1998 年，巴菲特的股票平均每年增值 20.2%，高出道琼斯指数 10.1 个百分点。

2000 年 3 月，巴菲特成为 RCA 注册特许分析师公会荣誉会长。

2004 年 8 月 26 日，夫人苏珊·巴菲特与他一起看望朋友时，突然中风去世，享年 72 岁。

2007 年 3 月 1 日晚间，"股神"沃伦·巴菲特麾下的投资旗舰公司——伯克希尔·哈撒韦公司公布 2006 财政年度业绩，数据显示，得益于飓风"爽约"，公司主营的保险业务获利颇丰，伯克希尔公司去年利润增长了 29.2%，盈利达 110.2 亿美元（高于 2005 年同期的 85.3 亿美元）；每股盈利 7144 美元（2005 年为 5338 美元）。

2011 年，财富位居世界第三，净资产 500 亿美元。

巴菲特名言

● 只有在退潮的时候，你才知道谁在裸泳！

● 要知道你打扑克牌时，总有一个人会倒霉，如果你看看四周看不出谁要倒霉了，那就是你自己了。

● 我们也会有恐惧和贪婪，只不过在别人贪婪的时候我们恐惧，在别人恐惧的时候我们贪婪。

● 我的成功并非源自高智商，我认为最重要的是理性。我总是把智商和才能比作发动机的动力，但是输出功率，也就是工作的效率，则取决于理性。

● 长年进行成功的投资并不需要极高的智商、罕见的商业洞见或内部消息。真正必要的是做决策所需的合理的知识框架，以及避免情绪化侵蚀的能力。

● 投资股票致富的秘诀只有一条，买了股票以后锁在箱子里等待，耐心等待。

● 我首先会关注任何投资失败的可能性。我的意思是，如果你肯定不会亏钱，你将来就会赚钱。

● 投资者应考虑企业的长期发展，而不是股票市场的短期前景。价格最终将取决于未来的收益。在投资过程中如同棒球运动中那样，想要让记分牌不断翻滚，你就必须盯着球场而不是记分牌。

● 为你最崇拜的人工作，这样除了获得薪水外，还会让你早上很想起床。

● 抛开其他因素，如果你单纯缘于高兴而做一项工作，那么这就是你应该做的工作，你会学到很多东西。

● 如果你想知道我为什么能超过比尔·盖茨，我可以告诉你，是因为我花得少，这是对我节俭的一种奖赏。

● 人生就像滚雪球，重要的是找到很湿的雪和很长的坡。

● 我是个现实主义者，我喜欢目前自己所从事的一切，并对此始终深信不疑。身为一个彻底的实用现实主义者，我只对现实感兴趣，从不抱任何幻想，尤其是对自己。

● 投资对我来说，既是一种运动，也是一种娱乐。

● 我工作时不思考其他任何东西。我并不试图超过七米高的栏杆，我到处找的是我能跨过的一米高的栏杆。

● 如果发生了坏事情，请忽略这件事。

● 要赢得好的声誉需要二十年，而要毁掉它，五分钟就够。如果明白了这一点，你做起事来就会不同了。

● 如果你能从根本上把问题弄清楚并思考它，你永远也不会把事情搞得一团糟！

● 习惯的链条在重到断裂之前，总是轻得难以察觉！

● 在生活中，如果你正确选择了你的英雄，你就是幸运的。我建议你们所有人，尽你所能地挑选出几个英雄。

● 任何一位卷入复杂工作的人都需要同事。

● 哲学家们告诉我们，做我们所喜欢的，然后成功就会随之而来。

● 每天早上去办公室，我感觉我正要去教堂，去画壁画！

● 生活的关键是，要弄清楚谁为谁工作。

● 当适当的气质与适当的智力结构相结合时，你就会得到理性的行为。

● 要学会以四十分钱买一元的东西。

● 金钱多少对你我没有什么大的区别。我们不会改变什么，只不过是我们的妻子会生活得好一些。

● 风险来自你不知道自己正做些什么。

● 要量力而行。你要发现你生活与投资的优势所在。每当偶尔的机会降临，即你的这种优势有充分的把握，你就全力以赴，孤注一掷。

● 如果你在错误的路上，奔跑也没有用。

● 我想给子女的财富，是足以让他们能够一展抱负，而不是多到让他们最后一事无成。

巴菲特在佛罗里达大学商学院的演讲

亲爱的同学们：

大家好！我想先讲几分钟的话，然后再接受你们的提问。我想谈的是你们所思、所想的。我鼓励你们给我出难题，畅所欲言，言无不尽。你们几乎可以问任何问题，除了上个礼拜的北德州大学（University of North Texas）的橄榄球赛外，那超出我所能接受的极限了。

关于你们走出校门后的前程，我认为你们在这里已经学了很多关于投资方面的知识，你们学会如何做好事情，且有足够的 IQ 能做好，也有动力和精力来做好，否则你们就不会在这里了。你们中的许多人将最终实现理想。但是在智慧和能量外，还有更多的东西来决定你是否成功，我想谈谈那些东西。

实际上，在我们奥马哈（Omaha，伯克希尔·哈撒韦公司的总部）有位先生说，当他雇用人时会看三个方面：正直、勤奋和活力。雇一个只有勤奋和活力，却没有诚信正直的人，将会毁了你。一个没有诚信正直的人，你只能希望他愚蠢和懒惰，而不是聪明和精力充沛。

所以我说，如果你把那些良好的品格都写下来，好好思量一下，择善而从，你可能就是百分之百的拥有自己了。

这就是我今天要讲的。下面就让我们开始谈谈你们所感兴趣的了，我们可以从这儿或那儿举起的手开始。

问题一：您对日本的看法？

巴菲特：我不是一个太宏观的人。现在日本十年期的贷款利息只有1%。我对自己说，45年前，我上了班杰明格·雷厄姆的课，然后我就一直勤恳努力地工作，也许我应该比1%赚得多点吧？

日本企业的资产回报率都很低。只有少数企业会有4%、5%或6%的回报。如果日本企业本身赚不了多少钱的话，那么其资产投资者是很难获得好的回报。

我现在从日本没发现什么好生意。也可能日本的文化会做某些改变，比如他们的管理层可能会对公司股票的责任多一些，这样回报率会高些。但目前来看，我看到的都是低回报率的公司，即使是在日本经济高速发展时。说来令人惊奇，因为日本这样一个完善巨大的市场却不能产生一些优秀、高回报的公司。日本的优秀只展现在经济总量上，而不是涌现一些优质的公司。这个问题已经给日本带来麻烦了。我们到现在为止，对日本还是没有兴趣。只要它的利息还是1%，我们会继续持观望态度。

问题二：有传闻说，您成为长期资本管理基金的救场买家？您在那里做了什么？您看到了什么机会？

巴菲特：在最近的一篇《财富》杂志上的文章里讲了事情始末，有点意思。但那是一个冗长的故事，我这里就不介绍来龙去脉。

我接了一个非常慎重的关于长期资本管理基金的电话。那是四个星期前的一个星期五的下午。我认识他们（长期资本管理基金的人），他们中的有些人我还很熟。从星期五到接下来的周三这段时间，纽约储备局导演了没有联邦政府资金卷入的长期资本管理基金的救赎行动。

在星期三的早上，我们出了一个报价。那时，我已经在蒙大拿（美国西北部的一个州）了。我和纽约储备局的头儿通了话。他们在十点会和一批银行家碰头。我把意向传达过去了。纽约储备局在十点前给在怀俄明州（美国西北部的一个州）的我打了电话。最后，我们对2.5亿美元的净资产做了报价，但我们会在那之上追加30亿到32.5亿。伯克希尔·哈撒韦公司（巴菲特的投资公司）分了30亿，AIG有7亿，高盛（Goldman

Sachs）有 3 亿。我们把投标交了上去，但是我们的投标时限很短，因为你不可能对价值以亿元计的证券在一段长时间内按固定价格计算，我也担心我们的报价会被用来做其待价而沽的筹码。最后，银行家们把合约搞定了。

整个长期资本管理基金的历史，我不知道在座的各位对它有多熟悉，其实是波澜壮阔的。如果你把那 16 个人，像约翰·麦瑞威瑟、埃里克·罗森菲尔德、拉里·希利布兰德、葛瑞格·霍金斯、维可多·汉格哈尼，还有两个诺贝尔经济学奖的获得者，迈伦·斯科尔斯和罗伯特·默顿，放在一起，可能很难再从任何你能想象得到的公司中，包括像微软这样的公司，找到另外 16 个这样高 IQ 的人组成的一个团队。那真是一个有着难以置信的高智商团队，而且他们所有人在业界都有大量的实际经验。这 16 个人加起来的经验可能有 350 年到 400 年，而且是一直专精于他们目前所做的。

他们所有人在金融界都有极大的关系网，数以亿计的资金也来自于这个关系网，其实就是他们自己的资金。超级智商，在他们内行的领域，结果是他们破产了。

这不是 IQ 不 IQ 的问题。用对你重要的东西去冒险赢得对你并不重要的东西，简直不可理喻。可是因为头脑不清楚，总有人犯这样的错。

问题三：讲讲您喜欢的企业吧！不是企业具体的名字，而是什么素质的企业您喜欢？

巴菲特：我只喜欢我看得懂的生意，这个标准排除了 90% 的企业。你看，我有太多的东西搞不懂。幸运的是，有些东西我还看得懂。我想要的生意外面有个城墙，居中是价值不菲的城堡，我要的是负责、能干的人才来管理这个城堡。

我要的城墙可以是多样的，举例来说，在汽车保险领域的 GEICO，它的城墙就是低成本。人们必须买汽车保险，每车都会买。消费者基于什么购买呢？这将基于保险公司的服务和成本。所以，我就要找低成本的公司，这就是我的城墙。

当我的成本比竞争对手的越低，我会越加注意加固和保护我的城墙。

当你有一个漂亮的城堡，肯定会有人对它发起攻击，妄图从你的手中把它抢走，所以我要在城堡周围建起城墙来。

事实上，企业的城墙每天每年都在变，或厚或窄。十年后，你就会看到不同。我给那些公司经理人的要求就是，让城墙更厚些，保护好它，拒竞争者于墙外。你可以通过服务、产品质量、价钱、成本、专利、地理位置来达到目的。我寻找的就是这样的企业。

问题四：在您购买公司的分析过程，是否有些数字会告诉您不要买？哪些东西是质化的，哪些东西是量化的？

巴菲特：最好的买卖，从数字的角度来讲，几乎都告诉你不要买。

我今年买了两个企业。General Re（全球最大的再保险公司之一），是一个 180 亿的交易，我连它们的总部都没去过。在那之前，我买了 Executive Jet，主要做部分拥有小型飞机的生意（美国近年来，很流行私人拥有飞机。但毕竟花销很大，不是一般人能承受得起的。所以，买飞机的一部分拥有权，这样可以有一段你自己的飞行计划和路线，变得很实际）。在我们买之前，我也没去过它的公司总部。四年前，我给我的家庭买了一架飞机计划的四分之一拥有权。我亲身体会了他们的服务，我也看到了这些年他们的迅速发展。

如果你不能马上足够了解所做的生意，即使你花上一两个月，情况也不见得会有多少改观。你必须对你可能了解的和不能了解的有个切身体会，你必须对你的能力范围有个准确的认知。范围的大小无关大局，重要的是范围里的东西。哪怕在范围里只有成千上万家上市公司里的三十家公司，只要有那三十家，你就没问题。你所做的就应当是深入了解这三十家公司的业务，你根本不需要去了解和学习其他东西。

问题五：可口可乐最近发布了对未来季度调低盈利预期的消息。您对可口可乐并没有因为在美国之外的许多问题，包括亚洲危机，造成的负面影响而撒谎怎么看？

巴菲特：我很喜欢他们的诚实。事实上，在未来二十年，可口可乐在国际上的市场增长要比在美国国内好得多。可口可乐可能会有一段艰难时期，但不会是未来的二十年。可乐实际上在年复一年地变得越来越便宜。

在全世界两百多个国家，这个有着一百多年历史的产品的人均消费量每年都在增长。它霸占饮料市场，真是难以置信。有一件事人们可能不懂，却使这个产品有着数以百亿元价值的简单事实，那就是可乐没有味觉记忆。你可以在九点、十一点、下午三点或五点喝上一罐，五点时你喝的味道和九点喝的味道一样好。其他饮料如甜苏打水、橙汁及啤酒都做不到这一点，它们对味道有着累积作用（累积使味觉麻木），重复的饮用会使你厌烦。这意味着，全世界的人们每天都可以消费很多次可乐，而不是其他饮料。在今天，全世界可乐的日销售量超过八百亿盎司，这个数目还在年复一年的增长。增长还展现在无论是以国家计还是人均计的消费量上。二十年后，在美国之外的增长将远远超过美国国内。我分外看好国际市场的前景。目前可乐的国际危机，短期来讲对他们确实有消极的影响，但这不是一个大不了的问题。可口可乐公司于 1919 年上市，那时的价格是 40 美元左右。如果你在一开始花 40 块钱买了一股，然后把派发的红利进行再投资（买入可口可乐的股票），一直到现在，那股可乐股票的价值是 500 万。这个事实压倒了一切。如果你看对了生意模式，你就会赚很多钱。

当然，切入点的时机很难把握。所以，如果我拥有的是一个绝佳的生意，我丝毫不会为某一个事件的发生，或它对未来一年的影响而担忧。当然，在过去的某些时间段，政府施加了价格管制政策。企业因而不能涨价，即使最好的企业有时也会受影响，但政府是不可能永远实施管制政策的。一个杰出的企业可以预计到将来可能会发生什么，但不一定会准确到何时会发生。重心需要放在"什么"上面，而不是"何时"上。如果对"什么"的判断是正确的，那么对"何时"大可不必过虑。

问题六：谈谈您投资上的失误！

巴菲特：在投资上，至少对我和我的合伙人而言，最大的失误不是做了什么，而是没有做什么。对我们所知甚多的生意，当机会来到时，我们却犹豫了，而不是做些什么。我们错过了赚取数以十亿元计的大钱的好机会。不谈那些我们不懂的生意，只专注于那些我们懂的。我们确实错过了从微软身上赚大钱的机会，但那并没有什么特殊意义，因为我们从一开始就不懂微软的生意。

但是对在医疗保健股票上理应赚得的几十亿，我们却错过了。当克林顿政府推出医疗保健计划时，医疗保健公司获益匪浅。我们应当在那上面赚得盘满钵满的，因为我懂那里面的因果。80 年代中期，我们应当在房利美（美国一家受政府支持，专做二级房贷的超大型公司）上获利颇丰，因为我们也算得清个中的究竟。这些都是数以十亿计的超级错误，却不会被一般公认会计原则（Generally Accepted Accounting Principles，简称 GAAP）抓个现形。

你们所看到的错误，比如几年前我买下的 USAir（巴菲特在这笔交易中几乎损失了全部的投资，3.6 亿），虽然没人逼我买。我因为价钱非常诱人而买了那些股票，但是那绝不是个诱人的行业。我对所罗门的股票也犯了同样的错误，股票本身价廉诱人没错，但那应该是杜绝涉足的行业。

聊到从失败中汲取经验的话题，我建议你最好还是从他人的失败中来学习，越多越好（笑）。在伯克希尔·哈撒韦公司，我们绝不花时间来缅怀过去，我们也从不回顾过去。我们总是对未来充满希冀，都认为牵绊于"如果我们那样做了……"的假设是不可理喻的，那样做不可能改变既成的事实。

你只能活在现在。你也许可以从过去的错误中汲取教训，但最关键的还是坚持做你懂的生意。如果是一个本质上的错误，比如涉足自己能力范围之外的东西，因为其他人建议的影响等，所以在一无所知的领域做了一些交易，那倒是你应该好好学习的。你应该坚守在凭自身能力看得透的领域。

问题七：谈谈目前的经济形势和利率，以及将来的走向。

巴菲特：我不关心宏观的经济形势。在投资领域，对那些既不重要又难搞懂的东西，你忘了它们就对了。你所讲的，可能是重要的，但是难以说清。了解可口可乐、箭牌或柯达，他们的生意是可以说得清的。当然，你的研究最后是否重要还取决于公司的评估、当前的股价等因素。但是我们从未凭着对宏观经济的感觉来买或不买任何一家公司，我们根本就不读那些预估利率、企业利润的文章，因为那些预估真的是无关痛痒。

假想艾伦·格林斯潘在我一边，罗伯特·鲁宾（Robert Rubin，克林顿时期美财长）在我另一边，即使他们都悄悄告诉我未来十二个月他们的每一步举措，我都无动于衷，而且这也不会对我购买 Executive Jets 飞机公司或 General Re 再保险公司，或我做的任何事情有一丝一毫的影响。

问题八：您深处乡间（指奥马哈）和在华尔街上相比有什么好处？

巴菲特：我在华尔街上工作了两年多，我在东西海岸都有最好的朋友，能见到他们让我很开心，当我去找他们的时候，总是会得到一些想法。但是最好的能对投资进行深思熟虑的方法就是去一间没有任何人的屋子，只是静静地想。身处华尔街的缺点是，在任何一个市场环境下，华尔街的情况都太极端了，你会被过度刺激，好像被逼着每天都要去做点什么。华尔街靠的是不断的买进卖出来赚钱，你靠的是不去做买进卖出而赚钱。这间屋子里的每个人之间每天互相交易你们所拥有的股票，到最后所有人都会破产，而所有钱财都进了经纪公司的腰包。相反的，如果你们像一般企业那样，五十年岿然不动，到最后你赚得不亦乐乎，而你的经纪人只好破产。当然，每年在我回奥马哈之前，每六个月都有一个长长的单子的事情去做，一大批公司去考察，我会让自己做的事情对得起旅行花的钱。然后，我会离开华尔街回奥马哈，仔细考虑。

问题九：投资人如何给伯克希尔·哈撒韦公司或微软这样从来不分红的公司估值？

巴菲特：这是个关于伯克希尔·哈撒韦公司从来不分红的问题。伯克希尔·哈撒韦公司将来也不会分红，这是一个我可以担保的承诺（笑）。你能从伯克希尔·哈撒韦公司得到的是将红利放进安全的存款箱，每年你可以拿出来好好把玩一番，然后再把它放回原位。这样，你会得到巨大的自我满足感。可别小瞧了这样的自我满足感！

当然，这里的核心问题是我们能否让截留下来的钱财以可观的幅度升值。这是我们一直孜孜以求的。保持持续增长是我们努力的目标，也是唯一衡量我们公司价值的标尺。公司总部的大小等都不能用来衡量公司的价值。伯克希尔·哈撒韦公司有四万五千名雇员，但总部只有 12 人和三百多平方米的办公室。这点我们不打算改变。

我们用公司的表现来评估自己，我们也以此来谋生。相信我，比起从前来，保持持续增长难得多了。

问题十：什么时候您会认为您的投资已经实现了它的增长极限？

巴菲特：理想的情况是当你购买时，你不希望你买的企业有一个增长极限。

我们想看到的是，当你买一个公司，你会乐于永久持有那个公司。举个例子，如果有一间教堂，我是行祷告的人，看到做礼拜的人每个星期都换掉一半，我不会说，这真是太好了，看看我的成员流动性有多强啊（笑）。我宁愿在每个星期天看到教堂里坐满了同样一批人。

当我们考虑生意时，这就是我们的原则。基本上，我们寻找那些打算永久持有的生意，但那样的企业并不多。在一开始，我的主意比资金多得多，所以我不断卖出那些我认为吸引力较差的股票，以便来购买新近发现的好生意。但这已经不是我们现在的问题了。购买企业的五年后，我们希望彼时如同此时一般的满意。如果有些极庞大的兼并机会，也可能需要我们卖出一些股票来筹措资金。我们考虑生意的方式是，随着时间的推移，买下的企业是否会带来越来越多的利润？如果对这个问题的回答是肯定的，任何其他问题都是多余的了。

问题十一：您如何看待对所罗门的投资？

巴菲特：我们投资所罗门的原因是，在 1987 年 9 月，所罗门公司是一家 9% 资产被证券化的企业，道琼斯指数在这一年涨了 35%，之前我们卖了很多股票，一下子手里有了很多现金，并且看上去我们暂时不会用得到它们。所以，在这个我通常不会购买股票的行业里，我们采用了这种有吸引力的证券形式，购买了所罗门。这是一个错误。最后结果还不错，但那不是我应该做的。我应该再等等，这样一年后我会多买一些可口可乐公司的股票，或我在当时就该买，即使可乐那时的卖价真的不便宜。

对于长期管理资金，随着时间的推移，我们累积了对和证券有关的其他生意的了解。其中一个就是套利。套利本身是很好的生意。长期管理资金有很多套利的头寸，它前十名的头寸可能占据了 90% 的资金。我对那前十名的头寸有些了解。我虽然不了解所有的细节，但是我已经掌握足够多的信息。同时，交易中我们将得到可观的折扣，我们也有足够的本钱打持久战，所以我们觉得交易可以进行。我们是可能在那样的交易中赔钱的，但是，我们占据了一些有利因素，我们是在我们懂得的领域作战。我们还有一些其他头寸，虽不像长期管理资金那么大，像那么大规模的确实不多。那些头寸或涉及收益曲线的关系（Yield Curve），或跟不同时期发布的政府债券有关等（on the run, off the run）。如果在证券业足够长的话，这些品种都是要接触到的。它们不是我们的核心生意，平均约占我们年收益的 0.5% 至 0.75%，算是额外的一点惊喜吧！

问题十二：谈一谈投资多元化。

巴菲特：如果你不是一个职业投资者，如果你的目标不是远超大多数人表现，那么你就需要做到最大可能的投资多元化。98%、99%，甚至更高比例的人需要尽可能的多元化，而不是不断的买进卖出。你们面临的选择就是管理成本很低的指数类的共同基金（指数类的基金，指用计算机模型来模拟股票指数，如道琼斯指数、纳斯达克指数，所包含的股票、权重和走势。投资者可以将指数基金当成普通股票来投资）。如果你认为拥有部分美国是值得的话，就去买指数基金。你拥有了一部分美国，对此我没有任何异议，那就是你应该的做法，除非你想给投资游戏带些悬念，并着手对企业做评估。

一旦你进入对企业做评估的领域，下定决心要花时间，花精力把事情做好。我会认为投资多元化，从任何角度来说，都是犯了大错。在我最看好的生意中，我只拥有一半左右。我自已就没有去做所谓的投资多元化。许多我所知晓的做得不错的人都没有多元化他们的投资。

问题十三：麦当劳的二十年前景如何？

巴菲特：麦当劳的情况，许多因素都在起作用，特别是海外因素。麦当劳在海外的处境比在美国国内要强势。这个生意随着时间的推移，会越来越难。人们（那些等着派发礼物的孩子除外）不愿每天都吃麦当劳。但是，如果你一定要在快餐业里选择一家的话，你会选麦当劳，因为它有最好的定位。近来，它用降价来促销，而不是靠产品本身来销售。我偏爱那些独立的产品，不需要做降价促销这些噱头来让它更有吸引力，虽然你可以用那些伎俩来做好生意。当然，这也并不妨碍麦当劳本身就是一个非常优秀的企业。

问题十四：您对能源基础行业的公司怎么看？

巴菲特：我考虑很久了，因为这方面的投资要花很多钱。我甚至考虑过要买下一间公司。我们奥马哈总部的一个人员通过 Cal Energy（一家位于奥马哈的地热能源公司）做了一些投资。

但是，对能源行业在政府的调控下究竟会如何发展，我还不是太懂。我看到了一些因素对高成本的企业在曾经的垄断地域是如何的具有破坏性。我不确信哪家会因而得益，程度又是如何等。当然，不同的能源企业的成本会有高有低。水力发电的成本是每千瓦两分钱，优势非同小可。但是在它们所产出的电力里，自己能保留多少，又可以把多少电力发送到区外，我还没想通。所以，对这个行业未来十年的情况，我还看不清。一旦我理出些头绪，我会付诸行动的。我晓得产品的吸引力，各个方面使用者需要的确定性，还有现在这些公司的价钱可能很便宜等。我只是不确定在未来的十年里，谁会从中赚大钱，所以我还处于观望。

问题十五：为什么资本市场更青睐大型企业，而不是小型企业？

巴菲特：我们不在乎企业的大小，真正重要的因素是我们对企业、对生意懂多少；是否是我们看好的人在管理它们；产品的卖价是否具有竞争力。从我自己管理伯克希尔·哈撒韦公司的经验来看，我需要将从 General Re 带来的 750 到 800 亿的保费进行投资。我只能投资五桩生意，我的投资因而就只局限于那些大公司。如果我只有十万块，我是不会在乎所投资企业的大小的，只要我懂得它们的生意就行。在我看来，总体而言，大企业过去十年来表现非常杰出，甚至远远超过人们的预期。没人能预计到美国公司的资产收益率能接近20%，这主要归功于特大型公司。由于较低的利息率和高得多的资产回报率，对这些公司的评估也必然会显著上调。如果把美国公司假想成收益率20%的债券，比起收益率13%的债券自然是好得多。这是近些年来确实发生的情况，是否会一直如此，那是另一个问题。我个人对此表示怀疑。除了我所管理资金多少的因素，我不会在乎企业的大小。我认为那些令人确信的因素才真正重要的。

问题十六：据我的理解，在您的理论里，熊市对抄底买家很有利。您是如何预计，在一个走下坡路的市场里，您的长期性盈利状况呢？

巴菲特：对于大市的走势，我一无所知。市场对我的感情是无暇顾及的（笑）。这是在你学习股票时，首要了解的一点。股票只是一个物质存在而已，它并不在乎谁拥有了它，又花了多少钱等。未来十年里，在座的每个人可能都是股票的净买家，而不是净卖家，所以每个人都应该盼着更低的股价。未来十年里，你们肯定是汉堡包的大吃家，所以你盼着更便宜的汉堡包，除非你是养牛专业户。如果你现在还不拥有可口可乐的股票，你又希望买一些，你一定盼着可乐的股价走低。你盼着超市在周末大甩卖，而不是涨价。纽约证交所就如同公司的超市。你知道自己要买股票，那么你盼着什么好事呢，你恨不得股价都跳水，越深越好，这样你就可以拣到些便宜货了。二十年以后，三十年以后，当你退休开始要支取养命钱了，或你的后代支取你的养命钱时（笑），你也许会希望股价能高点。我们希望如此，但是我并不晓得股票市场会有如何的走势。恐怕我永远也不会知晓。我甚至想都不去想这些事情。当股市真的走低时，我会很用心地研究我要买些什么，因为我相信到那时我可以更高效地使用手上的资金。

问题十七：如果您有幸再重新活一次的话，您会做些什么让你的生活更快乐？

巴菲特：这听上去有点让人反胃。我也许会从活到120岁的那群人的基因池中做个选择吧（笑）！让我们做这样一个假设，在你出生的二十四小时以前，一个先知来到你身边。他说："小家伙，你看上去很不错，我这里有个难题，我要设计一个你将要生活的世界。如果是我设计的话，太难了，不如你自己来设计吧！所以，在二十四小时以内，你要设计出所有那些社交规范、经济规范，还有管理规范等。你会生活在那样一个世界里，你的孩子们会生活在那样一个世界里，孩子们的孩子们会生活在那样一个世界里。"你问先知："是由我来设计一切吗？"先知回答说是。你反问："那这里肯定有什么陷阱。"先知说："是的，是有一个陷阱。你不知道自己是黑是白、是富是穷、是男是女、是体弱多病还是身体强健、是聪明还是愚笨……你能做的就是从装着六十五亿球的大篮子里选一个代表你的小球。"

我管这游戏叫子宫里的彩票。这也许是决定你命运的事件，因为这将决定你出生在美国还是阿富汗，有着130的IQ还是70的IQ，总之这将决定太多太多的东西。如何设计这个你即将降生到的世界？我认为这是一个思考社会问题的好方法。当你对即将得到的那个球毫不知情时，你会把系统设计得能够提供大量的物品和服务，你会希望人们心态平衡，生活富足，同时系统能源源不断地产出物品和服务，这样你的子子孙孙能活得更好。对那些不幸选错了球，没有接对线路的人们，这个系统也不会亏待他们。

在这个系统里，我绝对是接对了路，找到了自己的位置。我降生后，出生在美国，我很幸运有好的父母，很多事情上我都得到幸运女神的眷顾……幸运地出生在一个对我报酬如此丰厚的市场经济环境里，在我周围有着众多和我一样是好公民的人们、领着童子军的人们、周日教书的人们，他们也有着养育幸福的家庭。他们可能在报酬上未必如我，但也并不需要像我一样啊！

我真的非常幸运，所以，我盼着我还能继续幸运下去。如果我幸运的话，那个小球游戏给我带来的只有珍惜，做些我一生都喜欢做的事情，并和那些我欣赏的人交朋友。我只和我欣赏的人做生意。所以，如果我有机会重新来过的话，我可能还会去做我做过的每件事情，当然，购买USAir除外。谢谢！